（少年版）

奔腾的海洋

BENTENG DE HAIYANG

主　编　张　哲

编　委　金卫艳　李亚兵　袁晓梅　赵　欣　焦转丽

　　　　张亚丽　侣小玲　李　婷　吕华萍　赵小玲

　　　　田小省　宋媛媛　李智勤　赵　乐　车婉婷

　　　　靖凤彩　迟红叶　李雷雷　王　飞　刘　倩

时代出版传媒股份有限公司
安徽科学技术出版社

图书在版编目(CIP)数据

奔腾的海洋/张哲主编.—合肥:安徽科学技术出版社,
2015.1(2018.5 重印)
(百科·探索·发现:少年版)
ISBN 978-7-5337-6441-8

Ⅰ.①奔… Ⅱ.①张… Ⅲ.①海洋-少年读物
Ⅳ.①P7-49

中国版本图书馆 CIP 数据核字(2014)第 211221 号

奔腾的海洋   主编 张 哲

出 版 人:丁凌云   选题策划:《海外英语》编辑部   责任编辑:徐 晴
责任印制:梁东兵   封面设计:李亚兵
出版发行:时代出版传媒股份有限公司   http://www.press-mart.com
　　　　　安徽科学技术出版社   http://www.ahstp.net
　　　　　(合肥市政务文化新区翡翠路 1118 号出版传媒广场,邮编:230071)
　　　　　电话:(0551)63533330
印　　制:三河市南阳印刷有限公司   电话:(0316)3654999
(如发现印装质量问题,影响阅读,请与印刷厂商联系调换)

开本:710×1010　1/16   印张:10   字数:200 千
版次:2018 年 5 月第 3 次印刷

ISBN 978-7-5337-6441-8   定价:25.00 元

前言

海洋是生命的摇篮，孕育了无数的生灵。她拥有最古老的生命、最绚丽的色彩、最奇特的现象、最有趣的故事。每个国家只有充分利用各种海洋资源，才可以得到长足发展。因此，21世纪被称为海洋的世纪。

人类之所以会坚持不懈地探索和研究海洋，是因为海洋中有种类繁多的海洋生物、优质丰富的海洋能源及神秘莫测的海洋奇观。虽然科学技术水平的提高使更多的人开始了解海洋，看到了她真实的面孔，但仍然有很多海洋之谜等待着人类去探索。

海洋虽然广阔，但很脆弱。近年来，由于气候的变化及人类不合理的开发，她已经伤痕累累。海洋母亲在一次次向我们发出警告——保护海洋，是每个人的责任所在！

本书共分为6个部分，包括100个知识点，文字简洁易懂，插图精美生动，可以使读者对海洋有一个全面而深刻的认识。如果你也是一位渴望走近和了解海洋的朋友，那就赶快与我们一起踏上奇妙的海洋之旅吧！

CONTENTS

目录

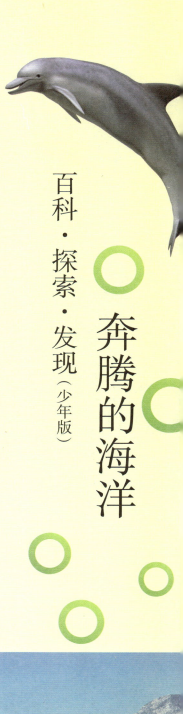

百科·探索·发现（少年版）

奔腾的海洋

百科·探索·发现（少年版）

奔腾的海洋

CONTENTS

海洋生物

CONTENTS

海洋资源

百科·探索·发现（少年版）

奔腾的海洋

百科·探索·发现（少年版）

奔腾的海洋

CONTENTS

海和洋

　　广阔无垠的海洋，从蔚蓝到碧绿，美丽而又壮观。我们常说的海洋只是人们长期以来的一种习惯性的称谓，严格地讲，海和洋是两个不同的概念。洋是指地球表面被海水覆盖的广大地区；而海是指与洋相连接的大面积咸水区域，即洋的边缘部分。

海水从哪里来——海和洋的形成

有人曾经形容地球是"浸在水中的星球"。的确，在人类目前发现的行星里，只有地球才有如此浩瀚的水，因此地球也被称为"蓝色的星球"。可是，地球上的水到底是从哪里来的呢？

远古的海与现代的海

原始海洋中的海水量约是目前海水量的1/10，在几十亿年的地质过程中，水不断地从地球内部溢出来，使地表水量不断增加。现在，地球上的海水总量是地球诞生以来，经过几十亿年的逐渐积累而形成的。

原始海洋

原始海洋里没有生命，水也比较少。大约在36亿年前，一种微小的原始细胞出现在海洋中，它就是地球上最早的生物。从此，地球开始了生命的进程，逐渐出现了各种植物和动物。

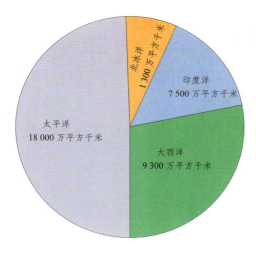

北冰洋
1 300 万平方千米

印度洋
7 500 万平方千米

太平洋
18 000 万平方千米

大西洋
9 300 万平方千米

看法各不同

关于地球上水的来历，科学界目前还存在着不同的看法。一种观点认为地球上的水是太阳风的杰作，地球吸收太阳风中的氢并与氧结合，就可产生水。另一种观点则认为地球上的水是由外太空闯入地球的冰彗星雨带来的。

知识小笔记

远古的海水是酸性的，因为原始海洋的水中含有盐酸，所以味道酸酸的。

又苦又咸的海水

海水的味道又苦又咸，这是因为海水中有许多矿物质，这些矿物质中含有与食盐相同的成分，所以海水就有了咸味。此外，由于海水中含有一定量的氯化镁、硫酸镁，所以也会发苦。

世界上最大的洋——太平洋

你 一定听说过世界上最大的洋是太平洋,可是你知道吗,太平洋的名字听起来很平静,但实际上并不是这样。在海底深处有一股神奇的力量,时刻支配着海水的变化运动。

知识小笔记

其实太平洋并不太平,约在南纬40°的地方,终年西风肆虐,风急浪紧,被称为"狂吼咆哮的西风带"。

太平洋在哪里

太平洋位于亚洲、大洋洲、南极洲、南美洲和北美洲之间,东西最大宽度约1.9万千米,南北最长约1.6万千米,面积达1.8亿平方千米,占全球面积的35%,占整个世界海洋总面积的50%,超过了世界陆地面积的总和。

名字的由来

葡萄牙航海家麦哲伦于1519年横渡大西洋成功后,继续向南航行抵达南美洲最南端,从东而西穿过一条曲折的海峡,进入一片浩大而平静的海域。他给这片波平如镜的海域取名为"太平洋"。

太平洋风景

太平洋火圈

全球约 85%的活火山和约 80%的地震带集中在太平洋地区。太平洋东岸的美洲科迪勒拉山系和太平洋西缘的群岛是世界上火山活动最剧烈的地带,活火山多达 370 座,有"太平洋火圈"之称。

◀ 太平洋东岸的科迪勒拉山

神仙岛

巴厘岛地处热带,且受海洋的影响,所以气候温和多雨,土壤十分肥沃,四季树木常青,万花烂漫。巴厘人非常喜欢花,处处用花来做装饰,因此,巴厘岛有"花之岛"的称号,并享有"南海乐园""神仙岛"的美誉。

▲ 巴厘岛风景

正在裂开的洋——大西洋

大西洋位于欧洲、非洲、美洲和南极洲之间，整个轮廓略呈S形，是世界第二大洋。大西洋的面积为9 336.3万平方千米，约占海洋总面积的25.4%，是太平洋面积的一半。它的平均深度为3 627米，最大深度为9 219米。

大西洋的形成

大西洋是由大陆漂移引起美洲大陆、欧洲大陆和非洲大陆分离后而形成的。但是，它正在拼命扩张，把两岸裂开，说不定在将来的某一天，它的宽度会赶上或超过太平洋。

知识小笔记

亚特兰蒂斯是传说中有高度文明的古老大陆，被称作"大西洲"，最早出现于古希腊哲学家柏拉图的文章中。

名字的由来

大西洋原名"西方大洋"，它的英文（Atlantic）一词，是根据古希腊神话中的大力士阿特拉斯（Atlas）的名字而来的。汉语译为"大西洋"，是明朝时欧洲传教士翻译过来的，一直沿用至今。

▽ 大西洋风景

飞越大西洋

美国人查尔斯·林白于 1927 年 5 月 21 日驾机飞越大西洋，成为第一个单人飞越大西洋的人；1928 年 6 月 18 日，爱米莉亚·埃尔哈特女士在两位男飞行员的陪伴下，从波士顿起飞，22 个小时后在威尔士南部着陆，成为第一位成功飞渡大西洋的女性。

↑ 冰岛夜景

岛屿与群岛

大西洋上的主要岛屿和群岛有：大不列颠岛、爱尔兰岛、冰岛、纽芬兰岛、古巴岛、伊斯帕尼奥拉岛及加勒比海和地中海中的许多群岛，格陵兰岛也有一小部分位于大西洋。

发达的航运业

大西洋航运业发达，东、西分别经苏伊士运河及巴拿马运河，沟通印度洋和太平洋，世界海港约有 75% 分布在这一海区。大西洋有多条国际航线，联系欧洲、美洲、非洲的沿岸国家，货运量居各大洋第一位。

↑ 巴拿马运河

热带的洋——印度洋

印 度洋位于亚洲、非洲、大洋洲和南极洲之间，是世界第三大洋，总面积7491.7万平方千米。它的大部分地区位于热带，因此有"热带的洋"之称。印度洋西北部的波斯湾地区，是世界石油储量最丰富的地区。

知识小笔记

我国明朝航海家郑和曾率船队七下"西洋"，也就是现在的印度洋。

地球上最年轻的大洋

1.3亿年前，北大西洋从一个很窄的内海开裂扩大，南方古陆开始分裂。随后，南方古陆的东半部也开始破碎分开，使非洲同澳大利亚、印度、南极洲分开，这两者之间出现了最原始的印度洋。

印度洋

生态灾难

1990年的海湾战争炸毁了大量油库、油井，使海湾沿岸浓烟滚滚，火海一片，整整烧了几个月，海域遭到严重污染。海面上漂浮着大量油污，大量鱼虾死亡，海鸟被油粘住翅膀，不能飞翔。

◀ 科威特油田大火

丰富的油气资源

印度洋海底油气资源丰富，每年产量约为世界海洋油气总量的40%。波斯湾是世界海底石油的最大产区，沿岸的沙特阿拉伯、科威特等国是世界著名的产油国家，也是美国、日本等发达国家重要的石油供应地。

▼ 科威特

千里冰封——北冰洋

北冰洋是世界最小的大洋，面积为 1 300 万平方千米。听到北冰洋这个名字，你一定会认为它是个寒冷的大洋。不错，它位于地球的最北端，终年气候寒冷，洋面上常常覆盖有冰层，所以被称为"北冰洋"。

名字的由来

古希腊曾把北冰洋叫作"正对大熊星座的海洋"。1650 年，荷兰探险家 W. 巴伦支把它划为独立大洋，叫"大北洋"。1845 年，英国伦敦地理学会命名，经中文翻译为"北冰洋"。

知识小笔记

虽然北极常年低温，但北极熊、海豹和北极狐等动物却快乐地生活在这里。

极地探险

北极和南极一样，受太阳的影响都比较大。南极每年都有许多国家的探险队抵达，北极也不例外。早在 16 世纪，欧洲的航海家就开始了对北极地区的探险。

北冰洋

冰川

由于气候分布的原因，北极气温低下，水以固态的形式凝聚在一起，结成了厚厚的冰川。北极看上去和南极一样像块陆地，其实它只是一块巨大的浮冰。北极蓄积了大量的淡水资源，是世界水体的重要组成部分。

▶北极具有大量的水资源

爱斯基摩人

爱斯基摩人又叫因纽特人，是北极地区的土著民族。他们主要从事陆地或海上狩猎，以猎物为主要生活来源。此外，他们善于用冰雪造屋。爱斯基摩人世世代代生活和居住在这里，至今已有4 000多年的历史。

▼因纽特人的冰屋

最古老的海——地中海

地中海地处亚洲、欧洲、非洲之间，面积约250万平方千米。大约在6 500万年前，地中海的范围很大。后来，欧亚板块与印度板块撞在了一起，挤出一个喜马拉雅山，从此地中海便退缩成现在的大小。

🧭 地中海式气候

地中海气候独特，夏季干热少雨，冬季温暖湿润。这种气候使得周围河流冬季涨满雨水，夏季干旱枯竭。世界上属于这类气候的地方很少。由于这里气候特殊，科学家在划分全球气候时，把它专门作为一类。

⬆ 地中海景观

🫒 橄榄的故乡

地中海气候特别适合橄榄树的生长，因此地中海地区盛产油橄榄。而且这里还是欧洲主要的亚热带水果产区，盛产柑橘、无花果和葡萄等。

摩纳哥

摩纳哥是地中海最美的港湾，位于地中海边峭壁上，面积仅有1.95平方千米，是世界上第二小的国家。这里不仅有阳光、沙滩、海水，还有转盘、牌桌、啤酒、香槟等。在摩纳哥，知名度最高的当数蒙特卡罗赌场。

▲ 地中海的交通

▼ 橄榄

文明发源

"地中海"一词源自拉丁文，原意为"地球的中心"。自古以来，地中海不仅是重要的贸易中心，更是西方希腊、罗马、波斯古文明的发源地和基督教文明的摇篮。

交通要道

地中海比较平静，加之沿岸海岸线曲折、岛屿众多，拥有许多天然良港，成为沟通三个大陆的交通要道。因此，地中海从古代开始海上贸易就很繁盛，成为古老文明的摇篮。

知识小笔记

地中海沿岸国家的航海业发达，著名的航海家哥伦布、达·伽马、麦哲伦都来自这里。

红色的海——红海

非洲北部与阿拉伯半岛之间，有一片颜色鲜红的海，这就是红海。它是印度洋的边缘海，就像一条张着大嘴的鳄鱼，从西北向东南，斜卧在那里。红海是世界上水温和含盐量最高的海域之一。

← 红海的美丽动物

为什么是红色

红海为什么是红色的呢？有人认为是红海里色泽鲜艳的贝壳使水色深红；也有人认为红海近岸的浅海地带有大量黄中带红的珊瑚沙，使海水变红；还有人认为红海内红藻会发生季节性繁殖，使海水变成红褐色。

知识小笔记

苏伊士运河开通后，红海成为印度洋与地中海间的交通要道。

人间天堂

红海的海滩是大自然的馈赠。清澈碧蓝的海水下，生长着五颜六色的珊瑚和稀有的海洋生物，连绵的山峦与海岸遥相呼应。这些美丽的自然景观和宜人的气候，共同构成了一个迷人的人间天堂。

高温海底

瑞典的"信天翁"号调查船在1947年发现了红海海底裂谷处的几个热源。后来，美国的"阿特兰蒂斯"2号和英国"发现者"号，也相继到这里调查，证实了这些热源的存在，并测得这里的水温高达56℃。

◀ 红海的珊瑚礁中浅滩的饵鱼

红海的"大水库"

红海处于热带沙漠气候区，蒸发量远远大于降水量，同时，红海周围无河流汇入，这就造成红海水量入不敷出，必须由印度洋的水流来补充。因此，亚丁湾就成了调节红海水位的"大水库"。

五彩缤纷的海——珊瑚海

珊瑚海位于南太平洋,是世界上面积最大、水体最深的海。它西边是澳大利亚大陆,北接所罗门海,南连塔斯曼海,面积达 479.1 万平方千米,最大深度达 9 174 米。

珊瑚礁

珊瑚礁就像海洋中的热带雨林,不仅因为它和热带雨林一样分布在热带,愈靠近赤道愈发达,而且它也是生物多样性最高的地方。珊瑚取代雨林中的树木,鱼类和软体动物取代鸟兽,共同组成别样的热带雨林。

世界三大珊瑚礁

珊瑚海曾是珊瑚虫的天下,它们巧夺天工,留下了世界上最大的三个珊瑚礁群——大堡礁、塔古拉堡礁和新喀里多尼亚堡礁。

▼大堡礁

知识小笔记

珊瑚海中生活着成群结队的鲨鱼,所以又被人们称为"鲨鱼海"。

大堡礁

大堡礁是世界最大的珊瑚礁，位于澳大利亚东北岸。这里景色迷人、险峻莫测，不仅生存着 400 余种不同类型的珊瑚，而且还生活着 5 000 多种其他动物，人鱼和巨型绿龟也栖息在这里。

➤大堡礁水域共有大小岛屿 630 多个，其中以绿岛、丹客岛、磁石岛、海伦岛、哈米顿岛、琳德曼岛、蜥蜴岛、芬瑟岛等较为有名

珊瑚虫的乐园

珊瑚海的周围几乎没有河流注入，海水洁净，受污染少。同时，海水盐度一般在 27‰ ~ 38‰ 之间，所以成了珊瑚虫生活的理想环境。不管在海中的大陆架，还是在海边的浅滩，到处有大量的珊瑚虫生殖繁衍。

➤珊瑚虫

海盗的天堂——加勒比海

北大西洋上有一个以印第安人部族命名的大海，它的名字叫"加勒比海"，意思是"勇敢者"或"堂堂正正的人"。加勒比海清澈湛蓝的海水，就像高出地面的海洋，构成了一个充满冒险和神秘色彩的乐园。

加勒比海的大小

加勒比海是大西洋西部的一个边缘海，也是世界上深度最大的陆间海，总面积约为 275.4 万平方千米，平均水深 2 491 米。最深处是古巴和牙买加之间的开曼海沟，深度达 7 680 米。

海盗的天堂

16 世纪，加勒比海成为海盗的天堂，许多海盗甚至得到他们本国国王的授权到海上公然抢劫。加勒比海上的众多小岛为他们提供了良好的躲藏地，而西班牙运送珠宝的舰队则是他们的主要袭击对象。

美丽的加勒比海

沿岸国众多

　　加勒比海是沿岸国最多的大海。全世界 50 多个海中，沿岸国达两位数的只有地中海和加勒比海。加勒比海有 20 个沿岸国，包括洪都拉斯、哥斯达黎加、巴拿马、哥伦比亚、委内瑞拉、古巴、海地等。

▲ 加勒比海港码头的晨曦

毗邻墨西哥湾

　　墨西哥湾位于加勒比海的北面，它们连在一起，形成一个被美洲环抱的海，因此被称为"美洲的地中海"。这两个海不仅对该地区的气候有很大影响，甚至对整个西半球的气候都有重大影响。

▲ 加勒比海旁边的街头小摊

知识小笔记

　　巴拿马运河于 1920 年开通，极大促进了加勒比海地区及沿岸国家的经济发展。

▼ 加勒比海

度假胜地——爱琴海

爱琴海是地中海的一部分,位于希腊半岛和小亚细亚半岛之间,面积 21.4 万平方千米,南北长 610 千米,东西宽 300 千米。爱琴海沿岸是克里特和希腊早期文明的摇篮。如今,它已经成为世界各国游客向往的度假胜地。

爱琴海的传说

爱琴海的名字源于一个古老的希腊神话传说。在远古时代,有位国王叫弥诺斯,他的儿子在雅典被人杀害。为了替儿子复仇,弥诺斯向雅典爱琴国王挑战。后来,雅典爱琴国王误以为儿子忒修斯已经死了,于是跳海自杀。为了纪念爱琴国王,他跳入的那片海,从此就叫爱琴海。

米其龙士岛

米其龙士岛是爱琴海上最负盛名的度假岛屿之一,窄巷、彩色门窗、白色教堂、风车磨坊,使它成为各岛中的佼佼者。每年到了旅游季节,来自世界各地的游客就像候鸟一样络绎不绝地飞到这座岛,享受阳光和海滩。

爱琴海

克里特岛

克里特岛是爱琴海最大的一个岛屿，面积 8 000 多平方千米，东西狭长，是爱琴海南部的屏障，岛上有大面积的肥沃耕地。

▲ 克里特岛

知识小笔记

爱琴海的岛屿大部分属于西岸的希腊，小部分属于东岸的土耳其。

多岛海

爱琴海的海岸线非常曲折，港湾众多，岛屿星罗棋布，是世界上岛屿最多的海，所以有"多岛海"之称。相邻岛屿之间的距离很短，站在一个岛上，可以把对面的海岛看得清清楚楚。

▼ 爱琴海畔蓝色屋顶的房子

黑色的海——黑海

黑海是欧洲东南部和亚洲之间的内陆海,通过西南面的博斯普鲁斯海峡、马尔马拉海、达达尼尔海峡、爱琴海与地中海相通。黑海沿岸的国家有俄罗斯、格鲁吉亚、乌克兰、土耳其、保加利亚、罗马尼亚。

为什么是黑色

黑海原来是古地中海的一个残留、孤立的海盆,由于与外界隔绝的下层海水缺氧,加上细菌的作用使沉积海底的大量有机物腐化分解,久而久之,把海底淤泥也染成了黑色。

◄黑海是东欧各国海运要道,也是欧洲地区各主要河流的出海口

交通命脉

黑海是连接东欧内陆和中亚高加索地区出地中海的主要海路,战略地位非常重要。黑海航道是古代丝绸之路由中亚通往罗马的北线必经之路,尤其对自17世纪开始崛起的沙俄皇朝产生了巨大影响。

缺氧的海洋系统

黑海本身很深，从河流和地中海流入的水含盐度比较小，因此比较轻，它们浮在含盐度高的海水上。深水和浅水之间得不到交流，两层水的交界处位于 100～150 米深处之间。两层水之间彻底交流一次需要上千年之久。

▶ 康斯坦察这座历史悠久的古城已被建成一座美丽的城市

知 识 小 笔 记

黑海舰队由俄国沙皇于 1753 年创建，参加过克里米亚战争和第一次世界大战。

黑海明珠

康斯坦察由古希腊人创建于公元前 6 世纪，位于黑海之滨，具有悠久的历史。它是罗马尼亚最古老、经济最发达的地区之一，被誉为"黑海明珠"。

敖德萨

敖德萨位于黑海沿岸，气候宜人，由于它是天然海港，常年不封冻，所以在水路运输中占有重要地位。它与世界 60 个国家的 200 多个港口有来往，承担着原苏联 50% 以上的对外贸易货运任务。

海洋奇观

　　海洋不仅能带给人们海市蜃楼、海雾、海冰等奇特景观，而且"不高兴"的时候还会出现海啸、飓风、赤潮等自然现象，引发灾难。浩瀚的大海因为它们而变得神秘，引领着人类不断探索的脚步。

大海的容颜——海水的颜色

地球是个蔚蓝色的星球，这是因为海洋占据了地球的绝大部分。海洋是个连绵不断的水体，它的水色主要由海洋水分子和悬浮颗粒对光的散射决定。但大洋中的悬浮颗粒非常微小，因此水的颜色取决于海水密度。

海市蜃楼

夏天，从平静的海面上向远方望去，有时能看见山峰、船舶、楼台等出现在空中，人们把它叫作"海市蜃楼"。其实，这是由于光在空气中传播时发生折射造成的。此外，沙漠、雪原里也有这种奇异的现象发生。

◀ 海市蜃楼奇景

光的反射

海水的颜色是由海面反射光和来自海水内部的回散射光的颜色决定的。由于蓝光和绿光在水中的穿透力最强，所以，它们回散射的机会也最大。因此，海水看上去呈蓝色或绿色。

黄海

古时候，黄海流入了大量黄河的水，带来很多泥沙，使海水中悬浮物质增多，海水透明度变小，所以呈现为黄色，黄海之名因此而得。黄海是我国华北的海防前哨，也是华北一带的海路要道。

知 识 小 笔 记

海洋近岸的海水中悬浮颗粒多，所以，从远海到近岸水域，海水颜色依次由深蓝逐渐变浅。

↑ 黄海

白海

世界上有红海、黄海、黑海，那么是不是还有白海？其实，白海是存在的，它就是北冰洋的边缘海，一年中有 200 多天被皑皑的白雪与冰层覆盖，所以人们给它起了这么一个美丽纯洁的名字。

→ 被白雪覆盖的海

赤潮

赤潮是海洋遭受污染时，有机物和营养盐过多而引起的。赤潮发生时，海面上如同铺上了一层红毡子，看上去很美丽，但对海洋生物来说，却是一场灾难。赤潮的海水都有臭味，会导致大批鱼类和植物死亡。

大海的体温——海水的温度

有人曾经形容地球是"浸在水中的星球"。的确，在人类目前发现的行星里，只有地球才有如此浩瀚的水，因此地球也被称为"蓝色的星球"。可是，地球上的水到底是从哪里来的呢？

太阳辐射的影响

海水温度每天都会随着太阳的辐射而发生变化。大洋表层水温每天变化很小，一般不会超过0.4℃。海水表层温度的每日变化会通过海水向更深层海水传导，但影响的最大深度不会超过 50 米。

→海水温度会随着太阳的辐射而发生变化

四季影响

海水的热容量比空气的热容量大得多，海水的温度变化也比空气的温度变化缓慢，因此，海水的温度受四季的影响不大。

水温变化

海洋表层水温总是受太阳辐射、海流和盛行风变化的影响。赤道和高纬度海区表层水温的年变化相对比较小，中纬变化最大。因为表层以下各层水温的年变化比较小，所以海水越深，水温越低。

⯆ 由于海水的温度受四季的影响不大，所以在炎热的夏季，许多人选择用游泳的方式来避暑

海水的导热性

海水具有较强的导热性，其导热能力大约是空气的30多倍。因此，20℃的气温人体觉得较为舒适，而温度为20℃的海水对人体却是一种寒冷刺激。海水与人体温差越大，对人体的刺激作用越强。

⯆ 海水温度是海水的一个重要的理化指标

知 识 小 笔 记

飓风的能量大小与海水温度密切相关，水温高，能量增加，水温低，能量减少。

大海的味道——海水的盐度

海水是盐的"故乡"，海水中含有各类盐，其中90%左右是氯化钠，也就是食盐。此外还含有氯化镁、硫酸镁、碳酸镁及含钾、碘、钠、溴等各种元素的其他盐类。

盐从哪里来

许多地质学家相信，海水中的大部分盐是从地球内部的火山水中得来的，这是很多人都认同的第一种观点。但也有人认为海水中的盐是由陆地上的江河通过水流带来的，这是第二种观点。

▲ 梦想的盐水湖

第二种观点的理由

因为水在流动过程中，经过各种土壤和岩层，分解产生各种盐类物质，这些物质随水被带进大海。海水经过不断蒸发，盐的浓度就越来越高，而海洋的形成经过了几十万年，海水中含有这么多的盐也就不奇怪了。

● 死海盐柱

◀ 地中海

盐度差别

世界上有些海域盐度差别很大。地中海东部海域盐度达 39.58 ‰，西部受大西洋影响，盐度下降，只有 37 ‰。红海海水盐度达 40 ‰，局部地区高达 42.8 ‰。世界上海水盐度最高的是死海，最高盐度达 281 ‰。

厚厚的盐层

如果把海水中的盐全部提取出来平铺在陆地上，陆地的高度可以增加 153 米；如果把世界海洋的水都蒸发干，海底就会堆积 60 米厚的盐层。

▼ 铺在陆地上的盐

知识小笔记

在我国长江口海域，同一地点冬季枯水期测到的海水盐度为 12 ‰，但是，洪水季节测得的盐度仅有 2.5 ‰。

大海的脉搏——海浪

海浪就像大海跳动的"脉搏"，周而复始，永不停息。平静时，微波荡漾，浪花轻轻拍打着海岸；"发怒"时，波涛汹涌，巨浪击岸，浪花飞溅，发出雷鸣般响声。大海因为有了海浪，才显得生机勃勃。

浪花

一朵朵美丽的浪花，就像海上的精灵。浪花由水薄膜隔开的气泡组成。在淡水中气泡相互靠近、融合，而在咸水中气泡则相互排斥、分离。气泡上升到海面时破裂，并将咸水珠抛到比气泡直径大千倍的高处，就产生了浪花。

风和海浪

无风不起浪，风直接推动着海浪，同时会出现许多高低长短不等的波浪，波面较陡，波峰附近常有浪花或大片泡沫。

知识小笔记

海浪中蕴藏着巨大的能量。据测试，海浪对海岸的冲击力达每平方米 20 000～30 000 千克。

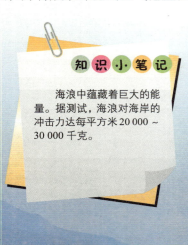

海浪的威力

　　海浪对海上航行、海洋渔业、海战都有很大影响。它能改变舰船的航向、航速，甚至产生船身共振使船体断裂；破坏海港码头、水下工程和海岸防护工程；影响雷达的使用、水上飞机和舰载飞机的起降、舰载武器使用等。

◆海浪是发生在海洋中的一种波动现象

涌浪

　　涌浪是海浪传播到风区以外海域中所表现出的波浪。它具有较规则的外形，排列整齐，波峰线较长，波面较平滑，与正弦波有些相似。涌浪在传播中因海水的内摩擦作用，使能量不断减小而逐渐减弱。

海洋近岸波

　　海浪传播到海岸附近时，受地形的作用改变波动性质，由此形成海洋近岸波。随着海水变浅，其传播速度变小，波峰线弯转，波长减小，波形不断变化，甚至会发生倒卷破碎现象，且岸边水体会向前流动。

迷雾重重——海雾

我国沿海每到春暖花开、由冷转暖的季节,便经常出现迷蒙、毛毛细雨的天气,能见度非常低,这种现象就是海雾。海雾是海洋上的一种危险天气,它对海上航行和沿岸活动有直接影响,能使各种船只偏航、触礁或搁浅。

白色海雾

海雾是海面低层大气中一种水蒸气凝结的天气现象,因为它能反射出各种波长的光,所以呈乳白色。雾的形成要经过水汽的凝结和凝结成的水滴(或冰晶)在低空积聚两个不同的物理过程。

◁ 白色海雾

导航设备

每当海面出现雾、雪、暴风雨或阴霾等天气,能见度小于 3 704 米时,常用声响进行导航。用于导航的发声设备很多,有雾笛、雾钟、雾哨、雾角等。我国青岛使用的"雾牛"就是声响导航的一种。

知识小笔记

海雾因产生原因的不同,可分为平流雾、冷却雾、冰面辐射雾、地形雾四种类型。

历史罕见的毒雾

1995 年 2 月 13 日清晨，黑海、马尔马拉海和爱琴海一线出现了历史罕见的毒雾。一股黄色带有刺鼻硫磺味的浓密大雾，笼罩着博斯普鲁斯海峡和达达尼尔海峡。附近的国际航道处于瘫痪状态，城市的公路和空中交通相继中断。

"向阳红"16 号考察船雾沉东海

1993 年 5 月 2 日清晨，我国浙江舟山群岛海域薄雾缭绕，能见度极差。一艘塞浦路斯籍的货轮违规航行与我国国家海洋局"向阳红"16 号海洋科学考察船相撞，致使"向阳红"16 号迅速沉没，3 名工作人员遇难。

海水蒸发，使空气中的水汽达到饱和状态而成的雾，又称"冷平流雾"或"冰洋烟雾"。冷空气流到暖海面上，由于低层空气下暖上冷，层结不稳定，故雾区虽大，雾层却不厚，雾也不浓

可怕的圣婴——厄尔尼诺

厄尔尼诺是灾难的代名词，印尼的森林大火、巴西的暴雨、北美的洪水以及非洲的干旱等都是由它引起。厄尔尼诺到底是什么呢？其实它是来自太平洋东部的一支小小的暖流，它一出现就会给人类带来灾难。

厄尔尼诺现象

厄尔尼诺现象又称"厄尔尼诺海流"，是太平洋赤道带大范围内海洋和大气相互作用后失去平衡而产生的一种气候现象。

◄ 在南美洲的秘鲁、智利一带海域，海平面上被太阳晒热的海水会随风流走，深层的海水大量上升，海洋里的鱼儿就有了丰富的食物，人们因此获得丰收

基本特征

厄尔尼诺现象的基本特征是太平洋沿岸的海面水温异常升高，海水水位上涨，并形成一股暖流向南流动。它使原属冷水域的太平洋东部水域变成暖水域，引起海啸和暴风雨，造成一些地区干旱，另一些地区又降雨过多的异常气候现象。

知识小笔记

1982—1983 年间出现的厄尔尼诺现象是 20 世纪以来最严重的一次，造成约 1 500 人死亡。

▲ 厄尔尼诺带来的干旱

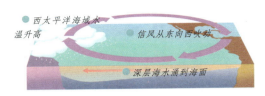

● 正常的大气环流

● 西太平洋海域水温升高　　信风从东向西吹动

深层海水涌到海面

▲ 正常年份

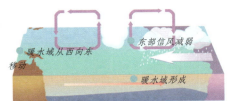

● 反常的大气环流

暖水域从西向东移动　　东部信风减弱

暖水域形成

▲ 厄尔尼诺期间

周期性出现

　　厄尔尼诺现象呈周期性出现，每隔 2 ~ 7 年出现一次。20 世纪 90 年代以后，随着全球变暖，厄尔尼诺现象出现得越来越频繁。

厄尔尼诺现象的危害

　　厄尔尼诺现象的危害性非常大，它曾使南部非洲、印尼和澳大利亚遭受到前所未有的旱灾，同时也给秘鲁、厄瓜多尔和美国带去了暴雨、洪水和泥石流。

"拉尼娜"现象

　　"拉尼娜"的字面意思是"圣女"，它也被称为"反厄尔尼诺"现象。拉尼娜是赤道附近东太平洋水温反常变化的一种再现现象，其特征恰好与"厄尔尼诺"相反，会导致洋流水温反常下降。

大海的呼啸——海啸

海啸是发生在海洋里的一种可怕灾难。当海底发生地震、火山爆发或水下塌陷和滑坡时，就会引起海水的巨大波动，产生海啸。海啸的破坏性很强，不仅会掀翻海上的船舶，造成人员伤亡，还会损毁沿海陆地的建筑。

基本分类

海啸可分为4种类型，即由气象变化引起的风暴潮、火山爆发引起的火山海啸、海底滑坡引起的滑坡海啸和海底地震引起的地震海啸。

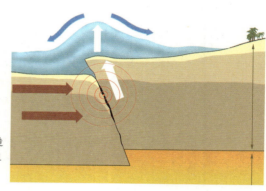

→海啸，由风暴或海底地震造成的海面恶浪并伴随巨响的现象

知识小笔记

1960年5月发生的智利大海啸，是20世纪影响范围最大、造成灾难最严重的一次海啸。

地震引发的海啸

地震发生时，海底地层发生断裂，部分地层出现上升或者下沉，由此造成从海底到海面的整个水层发生剧烈的"抖动"。这种"抖动"与平常发生的海浪大不相同，内部蕴藏着惊人的能量，一般在里氏震级大于6.5级的条件下才能发生。

▲海啸示意图

印尼大海啸

2004 年 12 月 26 日，发生在印尼群岛附近的一次大地震引发了强烈海啸。巨大的海浪迅速扑向该区域附近的岛屿和陆地，许多人甚至来不及反应就被海水淹没。据估计，这次海啸造成 20 多万人丧生，经济损失无法估算。

本地海啸

本地海啸从地震或海啸发生源地到受灾的滨海地区相距较近，所以抵达海岸的时间较短，有时只需几分钟。这种海啸具有突发性的特点，危害很大。

白色的灾害——海冰

海冰是海洋的主要灾害之一，它是由海水冻结而成的咸水冰，也包括进入海洋中的大陆冰川、河冰及湖冰。海冰对海洋水文要素的垂直分布、海洋热状况及大洋底层水的形成有重要影响。同时，对航运、建港也构成一定威胁。

海冰的分类

海冰按运动状态可分为固定冰和浮冰。固定冰的主要形式是陆冰，它与海岸岛屿或浅滩冻结在一起；浮冰自由漂浮于海面，随风、浪、海流而漂泊，如冰山。

魔鬼般的海冰

海冰运动时的推力和撞击力十分巨大，因此有人叫它"魔鬼"。1912年4月，世界著名的豪华游轮"泰坦尼克"号撞击冰山后沉没，船上的1 500多人被海水淹没。

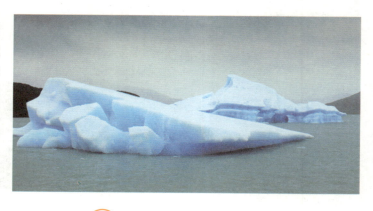

→海冰

罗斯冰架

罗斯冰架是一个巨大的三角形冰筏，几乎塞满了南极洲海岸的一个海湾。它宽约 800 千米，向内陆方向深入约 970 千米，是最大的浮冰。罗斯冰架像一艘锚泊很松的筏子，正以每天 1.5 ～ 3 米的速度被推到海洋中。

罗斯冰架

最危险的"敌人"

当冰川的冰体受到海水浮力的顶拖断裂后，就形成了冰山。在极地航海家眼里，冰山是最危险的"敌人"，轮船遇到它有时会被迫停驶，一不小心还会发生碰撞事故。

知 识 小 笔 记

冰山的味道并不都是咸的，这是因为冰山并不都是海冰结成，而是由被撞断的冰川形成。

有声的大海——海里的声音

水下到底有声音吗？人们就这个问题研究了好多年，直到近代有了水听器后，人们对水下声音世界才逐步了解。原来，水下是一片嘈杂、热闹的世界，声音有时大，有时小，但人们在水面上一般听不到这些声音。

靠声音交流

许多水下的动物都是靠声音来传播信息、寻找猎物和导航。海豚等鲸类动物就是靠声音来和伙伴交流，并利用声波来确定目标的大小、距离和方位。

水中的声道

如果将一个声源放在大洋中最小声速处，即水深1 000米处，声波会会集在这里，以最小的能量衰减，并且沿着这条声速带传播，这就是水中声道。实验证明，声音沿着水中声道可以传播到几千千米甚至几万千米远的地方。

知识小笔记

水下的声波传到空气中的幅度是原来的三千分之一，所以我们很难听到水下的声音。

声呐

声呐就是利用声波对水下目标进行探测和定位的装置，是水声学中应用最广泛、最重要的一种装置，被称为"水下雷达"。我们平常看到的海底结构图，就是根据声呐提供的数据绘制出的。

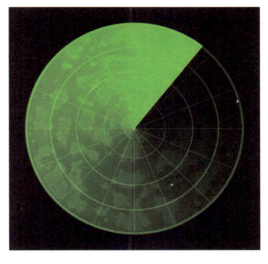

→声纳

↑达·芬奇

达·芬奇的发明

据说很早以前就有人在岸边将耳朵贴近地面来倾听远方轮船的声音。达·芬奇发明了一种管子，他将管子一头浸入水中，另一头贴着耳朵，就可以通过传来的声音辨别远处船只的方位、距离。

海上明珠——岛屿

岛屿是比大陆小而完全被水环绕的陆地。在河流、湖泊和海洋里都有，面积从不足1平方千米至几万平方千米不等。海洋里的岛屿是最多的，有一位老航海家曾经说："海洋里的岛屿，像天上的星星，谁也数不清。"

🔆 新西兰怀特岛

🌐 岛与屿

岛屿是对海洋中露出水面、大小不等的陆地的统称。岛与屿是有所不同的，岛的面积一般较大，屿是比岛更小的海洋陆块。世界岛屿面积约占陆地总面积的7%，最大的岛屿是北美洲东北部的格陵兰岛。

🎯 格陵兰岛

格陵兰岛是一个由高耸的山脉、庞大的蓝绿色冰山、壮丽的峡湾和贫瘠裸露的岩石组成的地区。格陵兰岛意为"绿色的土地"，面积约217万平方千米，它大部分地区在北极圈内，气候寒冷，终年覆盖着积雪。

知 识 小 笔 记

全世界共有10多万个海岛，世界上面积最小的海岛不足1平方千米。

火山岛

火山岛是海底火山喷发物质堆积，并露出海面而形成的岛屿。海岛形成后，由于常年的风化剥蚀，岛上岩石破碎成土壤，开始生长动植物。怀特岛是太平洋中的一个火山岛，位于新西兰北部东海岸的普伦蒂湾。

▸新西兰怀特岛

珊瑚岛

珊瑚岛是指主要由珊瑚虫的骨骼堆积成的岛屿，主要分布在太平洋和印度洋近赤道地带的热带水域，较寒冷的水域只有单个珊瑚虫。珊瑚岛主要有三种：岸礁、环礁、堡礁。位于太平洋中部的瑙鲁是一个典型的珊瑚岛。

▸印度洋的蓝礁湖

我国岛屿

我国面积超过1 000平方千米的大岛有台湾岛、海南岛、崇明岛3个。

▸台湾岛

海上田园——群岛

彼 此相距很近的许多岛屿合称为群岛，如马来群岛、西印度群岛等。世界上主要的群岛有 50 多个，分布在四个大洋中，其中太平洋海域中群岛最多，有 19 个，大西洋有 17 个，印度洋有 9 个，北冰洋海域中有 5 个。

西印度群岛

西印度群岛位于北美洲和南美洲之间，是美洲第一块被欧洲人发现的区域，目前这些群岛分属许多国家。虽然西印度群岛是岛屿，但是这里却有海拔高度达 3 175 米的杜阿尔特峰。

加拉帕戈斯群岛

加拉帕戈斯群岛由 19 个火山岛组成，位于南美大陆以西 1 000 千米的太平洋面上，被人称作"独特的活生物进化博物馆和陈列室"。这里生存着一些不寻常的动物物种，例如陆生鬣蜥、蓝脸鲣鸟、巨龟等。

▼科隆群岛是由四五百万年前巨大的海底火山喷发形成的，在一百多万年前浮出海面

知识小笔记

南太平洋萨摩亚群岛北部的托克劳群岛，是世界上最小的群岛，面积仅有 10 平方千米。

夏威夷群岛

🌀 夏威夷群岛

夏威夷群岛位于中太平洋北部，是美国唯一的岛屿州。它由 8 个大岛和 100 多个小岛组成，其中有 20 多个火山岛。夏威夷群岛不仅风景秀丽，而且具有十分重要的战略地位，被称为太平洋的"十字路口"。

🌀 舟山群岛

舟山群岛位于中国海岸线的中段，南北海运与长江河运的"丁"字形交汇处，由大小 1 390 个岛屿组成，面积 1 440 平方千米，是中国第一大群岛。舟山是我国唯一以群岛设市的地级市，属浙江省管辖。

世界肚脐——复活节岛

南 太平洋上的智利附近，有一个孤零零的小岛。从岛上放眼天下，大海宛如鼓腹，小岛就在正中，因此人们称它为"世界的肚脐"。岛上耸立着许多石雕人像，它们背靠大海，面对陆地，面部表情十分逼真。

与世隔绝的岛屿

复活节岛位于东南太平洋上，面积约 117 平方千米，它离南美大陆智利约 3 000 千米，离太平洋上其他岛屿的距离也很远，所以它是东南太平洋上一个孤零零的小岛，也是世界上最与世隔绝的岛屿之一。

知 识 小 笔 记

复活节岛的植被以灌木、草丛为主，没有任何高于 3 米的树木。

→仰望着天空的雕像

巨大石像从何而来

巨大的石像是复活节岛的标志，有些人推测，这个岛上曾生活过一个巨人族，是他们建造了石头巨像。另一些人则认为这些雕像出自外星人之手，因为所有雕像都仰望着天空，似乎在等待某种飞行物的降临。

不同的肤色

复活节岛上的居民有着不同的肤色，有些人的肤色为褐色，就颜色的深浅程度而言，和西班牙人相似；也有一些人完全是白皮肤；还有些人的皮肤带红色，就像在太阳底下晒烤过。

▲复活节岛上的石像

岛名的由来

据说荷兰海军上将雅格布·罗格文于 1722 年在南太平洋上航行时，突然发现一片陆地。他以为自己发现了新大陆，赶紧登陆，结果上岸后才知道是个不知名的岛屿。因为那天正好是复活节，所以罗格文称这座岛为"复活节岛"。

▲复活节岛

交通咽喉——海峡

海峡是指两块陆地之间连接两个海或洋的狭窄水道，一般水深较大，水流湍急。海峡的地理位置特别重要，往往是水上重要的交通咽喉，因此人们常把它称为"海上走廊"和"黄金水道"。

直布罗陀海峡

直布罗陀海峡位于欧洲伊比利亚半岛南端和非洲西北角之间，全长约 90 千米，它是沟通地中海和大西洋的唯一通道，是连接地中海和大西洋的重要门户，被誉为欧洲的"生命线"。

▲ 直布罗陀海峡

知识小笔记

世界上最长的海峡是位于马达加斯加岛和非洲大陆之间，沟通南、北印度洋的莫桑比克海峡，它全长 1 600 多千米。

白令海峡

白令海峡位于亚洲和北美洲靠近北极的地方，是连通北冰洋和太平洋的唯一通道。白令海峡长约 60 千米，宽 35 ~ 86 千米，平均水深 42 米，最大水深 52 米。

英吉利海峡

英吉利海峡位于英国和法国之间，西临大西洋，向东通过多佛尔海峡连接北海，是国际海运要道，也是欧洲大陆通往英国的最近水道。因此，它理所当然地成为世界海运最繁忙的海峡。

　英吉利海峡和多佛尔海峡是世界上海洋运输最繁忙的海峡，战略地位重要

马六甲海峡

位于马来半岛和苏门答腊岛之间的马六甲海峡，因马来半岛南岸古代名城马六甲而得名。海峡西连安达曼海，东通南海，长约 1 080 千米，连同出口处的新加坡海峡全长为 1 185 千米。它是连接太平洋和印度洋的重要海上通道，也是世界最重要的洋际海峡。

马六甲海峡

形式多样的水道——海湾

海湾是指延伸至大陆，深度逐渐减少的水域，一般是某个海或洋向大陆延伸的一部分。海湾不仅对调节当地气候有着非常重要的影响，而且是人类从事海洋经济活动及发展旅游业的重要基地。

波斯湾

波斯湾也被称为阿拉伯湾，位于印度洋西北部边缘海。波斯湾呈狭长形，长约990千米，宽56～338千米。波斯湾紧挨伊朗一侧的水域水深大部分超过80米，阿拉伯半岛一侧一般浅于35米，湾口最深处达110米。

知识小笔记

世界上的海湾主要分布于北美、欧洲和亚洲沿岸，面积较大的有240多个。

渤海湾

渤海湾是渤海西部的一个海湾，位于天津、河北省唐山、沧州和山东省黄河口之间，其中有海河等陆地河流淡水注入其中。渤海湾中有丰富的石油储藏，是我国重要的石油开采地。

波斯湾

孟加拉湾

　　孟加拉湾是世界最大的海湾之一，它位于中南半岛和印度半岛之间，从北边的安达曼群岛到南边的尼科巴群岛把孟加拉湾与东部的安达曼海分开。孟加拉湾面积为 217 万平方千米，平均水深达 2 586 米。

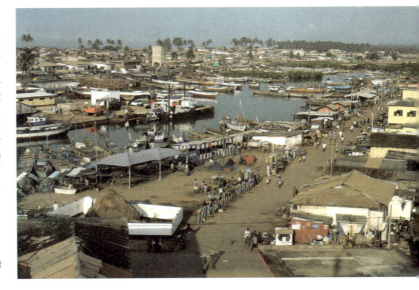

▶孟加拉湾

几内亚湾

　　几内亚湾西起利比里亚的帕尔马斯角，东至加蓬的洛佩斯角，沿岸国家有赤道几内亚、喀麦隆、尼日利亚、多哥、贝宁、加纳、象牙海岸等，海湾的面积为 153.3 万平方千米，是非洲最大的海湾。

▼孟加拉湾景观

蜿蜒曲折——海岸

海岸是海洋和陆地的交界地带，千百年来，海岸每天都被海浪拍打和侵蚀着，从而形成了各种不规则的形状。对于一个沿海的国家来说，海岸是非常重要的一部分，它不仅是国防的前哨，又是海、陆交通的连接地，是人类经济活动频繁的地带。

海岸线

海岸线是指一个国家陆地与海洋交界处的连线，海岸线的形状一般是没有规则的连接区域。有趣的是，虽然连接起来的海岸称为海岸线，但实际上它并不是一条线。

海岸线从形态上看有的弯弯曲曲，有的却像条直线。而且，这些海岸线还在不断地发生着变化

变化的海岸

海岸并不是固定不变的，它最明显的变化是由潮汐引起的，涨潮的时候海岸的一部分被海水淹没，退潮以后这些海岸又露出来。此外，陆地的变化和海水的侵蚀也会使海岸慢慢发生变化。

海岸线

知识小笔记

以阳光沙滩著称的西班牙"太阳海岸"是欧洲最受欢迎的旅游度假胜地之一。

海岸的岩石

　　构成海岸的岩石种类是决定海岸地形的主要因素。坚硬的岩石，例如花岗岩、玄武岩和某些砂岩，能够很有效地抵抗海水的侵蚀，所以往往形成高峻的海岬和坚固的悬崖，使植物可以附着在上面生长。

◀ 岩石

海滨

　　海滨就是指那些靠近海岸的地区，也许你不相信，世界上有 2/3 的人口居住在海滨地区，也就是说地球上大部分人就住在海岸边。

海边的峭壁

　　许多海岸是由高耸的峭壁组成，这里地形陡峭，厚厚的山崖阻挡着海水，山崖下面一般还有乱石。有些地方的海岸线在退潮的时候有沙滩，而涨潮的时候沙滩就被海水淹没，于是沙滩后面的岩石就成了海岸线。

海洋杀手——赤潮

<big>赤</big>潮发生时,海面上如同铺上了一层红毯子,看上去很漂亮。但对海洋生物来说,这却是一场灾难,大批的鱼类和生物会因为它而相继死亡。目前,赤潮已成为一种世界性的海洋灾害,很多国家都受过赤潮的危害。

赤潮的形成

赤潮,又名"红潮"或"有害藻华",是一些浮游生物在一定的条件下爆发性繁殖和密度过大引起海水变色的自然现象。赤潮大多发生在近岸、内海、河口、港湾,或有上升流的水域,一般晚春和早秋季节为多发期。

→发生在港口的赤潮

知识小笔记

赤潮的颜色并非只有红色,还有棕色、绿色、黄色等。

赤潮发生后，除海水变成红色外，海水的 pH 值也会升高，粘稠度增加，非赤潮藻类的浮游生物会死亡、衰减

预警信号

赤潮是海洋污染的信号。在一些工业化国家的沿海海域，由于大量污水排入海洋，尤其是含氮、磷较为丰富的污水，会导致海水养分过剩，从而促使一些浮游生物爆发性繁殖，形成赤潮。

对人类的危害

有些赤潮生物会分泌出赤潮毒素，当鱼、贝类处于有毒赤潮区域内，摄食这些有毒生物后，虽不能被毒死，但生物毒素可在体内积累，其含量大大超过人在食用时可接受的水平。这些鱼虾、贝类如果不慎被人食用，就会引起人体中毒，严重时可导致死亡。

大量赤潮生物集聚于鱼类的鳃部，使鱼类因缺氧而窒息死亡

赤潮是一个历史沿用名，它并不一定都是红色

海洋生物

　　海洋是一个巨大的资源宝库，拥有各种与人类生活密切相关的资源。这里不仅蕴藏着石油、天然气、金属等矿产资源，而且还是食盐及各种水产品的主要来源。这些资源既丰富了海洋，也丰富了我们的生活。

海洋中的智者——海豚

海豚是生活在温暖海域的一种哺乳动物。它们拥有流线型的身体，能够在水中游动自如。当它们为了呼吸而冲出水面时，便会在空中画出一道道美丽的弧线，溅起的朵朵浪花仿佛在为它们喝彩。

知识·小·笔记

在 20 世纪 60 年代的一次战争中，海豚曾充当美国的"间谍"，将窃听器成功地吸附在苏联的舰船底部。

尽责的海豚妈妈

海豚妈妈每次给小海豚喂奶时，都会极力翘起胖嘟嘟的腹部，将乳头凑近小海豚的嘴巴，快速将乳汁射入孩子的嘴里。为了让小海豚吃饱，当一侧的乳汁被吸尽之后，海豚妈妈会换上另一侧乳头来喂自己的宝宝。

天生的游泳高手

也许是海豚妈妈胎教的缘故，刚刚入海的小海豚就是一个游泳能手，它可以一边游泳，一边昂首望天，还不时吸一口新鲜空气。

✦ 正在表演的海豚

▲海豚

见义勇为

海豚是大海里的"救生员"，现实生活中流传着许多关于海豚救人的故事。它经常把溺水的人驮到安全地带，有时甚至为了将人类从鲨鱼口中夺出来，不惜与鲨鱼展开殊死搏斗。

海洋馆中的"大明星"

海豚天生好动，善于模仿。当它"玩性大发"时，所有被碰上的东西都会成为它的玩具。它们的头部转动十分灵活，经过训练可以表演"顶球""牵船""跳迪斯科""钻火圈"等精彩节目。

海中怪兽——海豹

海豹身体浑圆，皮下脂肪很厚，看上去憨态可掬。它们两只后脚不能向前弯曲，所以在陆地上只能靠前肢匍匐前进。但它们一进入海洋，就会变得异常灵活。海豹躺卧在海滩上时，神态倦怠，因而有"海中怪兽"之称。

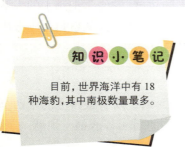

知识小笔记

目前，世界海洋中有18种海豹，其中南极数量最多。

可爱的家伙

生活在夏威夷群岛的僧海豹很聪明，对人类也很友好。当它们遇到附近游泳的人时，会好奇地游到人的面前，用它们又大又黑的眼睛盯着人脸看上好半天，然后悠然自得地游开。

象海豹

象海豹看上去一副脏相，不爱干净。每年到了换毛的季节，它们就会成群挤在有苔藓植物的岸边泥坑中。这里虽然很脏，但它们却愿意待在这里消磨时光。

↘海豹

海洋中的"丑角"

象海豹虽然长得难看，但这并不影响它成为出色的演员。它们在水中异常灵活，经过训练能表演各种精彩技艺。"造山"是它们最拿手的表演。训兽员一吹哨，象海豹就会纷纷上岸来，相互挤卧到一起，远远看去就像一座小山。

▸象海豹

一夫多妻制

为了占领地盘，雄海豹之间经常要进行残酷的争斗。胜者占地为王，拥有成群妻妾，败者扫兴而去，另寻出路。在海滩上，人们经常可以看到一头雄海豹日夜守护数十头，甚至上百头雌海豹的情景。

海中狮王——海狮

海狮是天生的享受派，每次饱餐后，它们就会来到岸上养精蓄锐。有时会在阳光下睡几个小时，有时会在海滩上滚来滚去。不过它们一生中的大部分时间还是在水中度过的，甚至可以连续在海里待几个星期。

胆小的大块头

北方海狮是体形最大的海狮，成年雄性体重达 1 000 千克以上。但它们的胆量却与庞大的身躯极不相称，一有风吹草动它们便会集体潜到水中，即使在睡觉时，也有"哨兵"担任警戒。

→ 海狮

知识小笔记

海狮吼声如狮，且个别种类颈部长有鬃毛，因而有"海中狮王"之称。

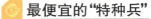

最便宜的"特种兵"

海狮光滑的流线型身体很适合潜水,所以人们训练它到海底进行打捞。美军特种部队中有一头训练有素的海狮,能在1分钟内将沉入海底的火箭取上。人们只要给它一些乌贼和鱼作为"报酬",它就心满意足了。

海狮和海豹的区别

海狮和海豹的外形很像,很多人将它们混淆,但它们还是有区别的。首先,海狮的头上长有小小的耳朵,而海豹的耳朵只是一个小孔。其次,海狮的后肢可以转向前方,能在沙滩上走路,而海豹只能靠前肢拖着身体匍匐前进。

呆头呆脑的家伙——海胆

海 胆是海洋里的一种古老生物，别名刺锅子、海刺猬。因为它们体形呈圆球状，就像一个个带刺的仙人球，因而得名"海中刺客"。海胆是个胆小鬼，它们浑身长满刺的外形不过是用来吓唬想吃它们的敌人，并不具有攻击性。

海洋老寿星

世界上没有一种生物能永久生存，但是海胆似乎能"长生不老"。据一项研究结果表明，全身长满刺的海胆可以存活 200 年以上，而且不会出现任何老年疾病的症状。

可怕的敌人

色彩鲜艳的扳机（俗称"炮弹鱼"）很擅长攻击海胆。它们的脸颊是粗糙的革质，可以抵御海胆的棘刺。它们猎食海胆时，先用喷水或抛扔的方法使海胆身体翻转，然后迅速潜入水下，咬住海胆柔软的底部，由外而内一口一口将海胆吃掉。

知识小笔记

据科学考证，海胆在地球上的生存历史距今已有近亿年。在我国的青藏高原还发现过海胆的化石。

样式各异的棘刺

海胆靠棘刺防御敌害，它的棘有长有短，有尖有钝，种类不同，棘的结构也不一样。海南岛珊瑚礁中盛产一种石笔海胆，棘十分粗壮，可做烟嘴用。有些海胆的棘特别长，可达 20 厘米。

▲ 海胆

有毒的海胆

并不是所有的海胆都可以吃，有不少种类是有毒的。环刺海胆的棘刺上长着一个倒钩，它一旦刺进人的皮肤，毒汁就会注入人体，棘刺也就断在皮肉中，使皮肤局部红肿疼痛。

浑身是宝

海胆的用途很广泛。海胆黄，不但味道鲜美，营养价值也很高，是人们非常喜欢吃的海鲜美味。同时，海胆还是一种贵重的中药材。

海中的兔子——海兔

海兔属于软体动物，当它们静止不动时，非常像一只蹲在地上竖起耳朵的小白兔，因此最早被古罗马人称为海兔。后来人们觉得这个名字很形象，所以就一直流传下来。海兔其实是蛎、蚌的近亲，身上保留着残余的贝壳。

各司其职

海兔头上长着两对分工明确的触角，前面的一对较短，专管触觉；后面的一对较长，专管嗅觉。海兔爬行时，后面那对触角分开成"八"字形向前斜伸，机敏地嗅着周围的气味。休息时，它会将触角并拢，直直竖起。

知识小笔记

海兔的贝壳薄而透明，没有螺旋，完全覆盖在外套膜之下，从外面根本看不到。

妙计护身

海兔体内有两种腺体，如果碰上猎物，它就马上喷出毒液，猎物立刻醉得像摊泥一样；如果遇见天敌，海兔就会释放紫色液体，将周围海水染成紫红色，它则乘机逃跑。

> 海兔不是兔。海兔耸起两只耳朵（实为触角），外形像兔子，头上一前一后，只是没有毛而已

胃里的牙齿

海兔非常喜欢吃海藻，它和陆地上的蜗牛一样，有一条长长的舌头，上面布满了细锐的牙，并且胃里也有"牙齿"，可以帮助它们进一步磨碎食物。

环境变我则变

海兔身体柔软，为了保护自己，它练就了一项绝技，那就是随机应变。每到一处有海藻的地方，它们就会大吃特吃。奇怪的是，它们吃什么颜色的海藻，身体就变成什么颜色，想伤害它们的敌人很难发现其踪影。

海中小坦克——海龟

海龟是一种爬行动物，长长的前肢使它们成为游泳的能手。海龟除了产卵，通常很少上岸。到了产卵季节，海龟会一只接一只从大海中游上岸来，一夜可达上千只，海滩到处是蓝色金属般的影子。

懒惰的家伙

说到懒惰的动物，海龟算是名列前茅。它们可以待在水里一动不动，有时竟能让一些植物在它们背上生根、发芽，甚至结果。不过，这些植物也为它们披上了一层天然的伪装，能帮助它们逃离危险。

晒太阳的绿海龟

绿海龟是一种大型爬行动物，整个身体呈褐色或者浅绿色，它们生活在气候温暖的海岸线附近，主要以海草为食。绿海龟有时会爬到岸上晒太阳，这一点和其他海龟不一样。

知识小笔记

小海龟的成活率很低，平均每 100 只当中有 1～2 只能存活下来。

🐢 不变的产卵地点

　　海龟在夏季产卵。雌海龟准备产卵之前，先在沙地上挖个洞，然后将卵产在里面。雌海龟每年都会在同一块沙滩上产卵，所以，每年到了产卵的季节，它们就要做一次长途迁徙。

◀ 海龟适应水生生活，四肢变成鳍状，利于游泳

🔶 排盐高招

　　海龟生蛋时，眼睛里会一直掉眼泪，这是它们在排除体内多余的盐分。海龟每天要喝很多海水，如果它们不把多余的盐分排掉，就会被海水"咸"死。

海洋精灵——水母

蔚 蓝色的海面上,点缀着许多优美的"小伞",闪耀着微弱的淡绿色或蓝紫色的光芒,有的还带有彩虹般的光晕,这些就是水母。人们根据它们的形态分为僧帽水母、帆水母、雨伞水母、霞水母等。

水中的舞者

水母浑身散发着微弱的光芒,身体周围还长出一些须状的条带,这些条带都是水母的触手。在海洋里,当这些触手向四周伸展开来,跟随身体一起舞动时,水母显得异常美丽。

▲ 水母

会"发芽"的水母

水螅水母的生育方式很特别。在生育期,水螅水母的身体上会长出一个小小的芽体,这个芽体会随着时间的流逝慢慢长大。等这些芽体长到一定程度后,就会脱离母体,成为一个独立的个体。

知识小笔记

2004年,人们开发浙江九龙瀑布时,发现大量世界濒危的野生桃花水母,它号称"水中大熊猫"。

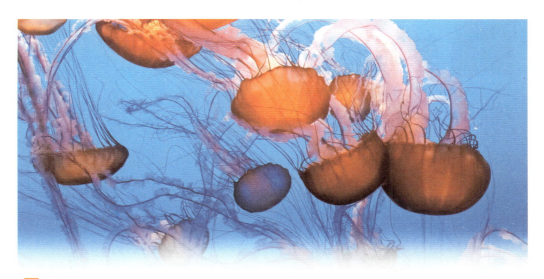

危险游戏

水母前进的速度很慢，所以它经常依靠潮汐和海水的流动来挪动。但是，这个办法并不安全。因为，有时候海水涨潮时力量太大，水母就被搁置在沙滩上，如果长时间没有再次涨潮，它们就会枯死。

小物件，大作用

水母的每个触手中间都有一个细柄，细柄上有一个小球，小球里有一粒小小的"听石"，这便是水母的"耳朵"。当飓风还在很远的地方时，水母就可以敏锐地接收到次声波，及时逃离危险。

奇妙的蛋白质

水母体内有一种叫埃奎明的蛋白质，这种蛋白质和钙离子相混合时，会发出强蓝光束。埃奎明的量在水母体内越多，发的光就越强。一般来说，平均每只水母仅含有 50 微克埃奎明。

◂ 水母寿命很短，平均只有数个月的生命

美丽的海花——珊瑚

珊瑚看上去像一棵有根、茎、枝、芽的树，很长时间以来，人们一直都把它们当作植物，可实际上珊瑚是一种低等动物。海底那一簇簇像分权树枝的东西，其实就是许许多多珊瑚虫紧紧连接在一起构成的。

珊瑚

美丽的珊瑚礁

珊瑚生长在温暖的浅海，它不断长芽繁殖，长成一个个珊瑚虫。珊瑚喜欢群体生活，所以越长越多，最后就成了我们看到的珊瑚礁。美丽的珊瑚礁是鱼类休息、避难的好场所。

知识小笔记

石珊瑚是人们最熟知、分布最广泛的珊瑚种类。

海底"建筑师"

经过常年累月的积累，老的珊瑚虫会不断死去，留下骨骼，新的珊瑚虫就在前辈的骨骼上继续攀登，一座座珊瑚礁石就这样筑成了。一些海岛国家的全部领土，都是由珊瑚虫经过千万年的努力建造而成的。

晒晒太阳就长个

寄生在珊瑚体内的共生藻在进行光合作用的同时，会将一部分养料拿出来贡献给自己的"宿主"。因此，在阳光充沛的浅水海域，珊瑚甚至单靠阳光的照射，就能够从共生藻那里得到足够的生长能量。

◂ 由于环境污染，导致空气中一种使珊瑚易死的成分出现在一些珊瑚区，因此，全球珊瑚种类及数量急剧减少

前途令人担忧

珊瑚虫的身材实在太小了，一不小心就会被鹦哥鱼一口吃掉，或被一棵松藻遮住光线。如果再遇到狂风暴雨，陆地上水流夹带了泥沙流进海里，把小珊瑚埋在厚厚的泥沙中，它就再也没有出头之日了。

▴ 珊瑚形象像树枝，颜色鲜艳美丽

海洋中的独行者——海绵

海 绵是海洋动物中最简单的一个种群，它们大多栖息于深海，附着在岩石或珊瑚礁上，整日靠滤食海洋中的微生物为生，有时还会被一些小动物"欺负"，螃蟹最喜欢把它们顶在背上驮来驮去。

海洋中的孤客

海绵总是独自待在一个地方，凡是有它栖居的地方，很少见到其他动物的身影。这是因为海绵身上的骨针和纤维难以下咽，对其他动物没有吸引力。此外，海绵身上的恶臭味，也可能是其他动物不愿接近它的原因。

知识小笔记

海绵这种海洋动物与我们生活中所用的海绵，除了名字相同外，没有任何联系。

肉食性海绵

肉食性海绵一般生活在温度较低的深海。为了生存，它们进化出了自己的生存武器——钩，这种钩能捕捉到像小虾一样大的甲壳类动物。捕食时，海绵会用一天的时间将猎物包裹起来，然后慢慢去消化。

 海绵动物体壁上有很多小孔(入水孔)，游离的一端有大孔开口

食物从身体中流过

海绵的捕食方法很奇特，它的身体上有许多小孔，每个小孔都是一张"嘴巴"。当含有食饵的海水从小孔中流过时，它体内的鞭毛会将营养物质吸收，那些不被消化的物质则随海水流出体外。

四季常开的葵花——海葵

陆地上的葵花只有在秋季开放，而在烟波浩渺的海洋中，却有一年四季盛开不败的"海葵花"，它们就是海葵。海葵如鲜花般美丽，附着在岩石、砂砾或者其他动物的身体上，随着它们缓慢爬行。

海底的红绿灯

海葵的种类约有1 000种，它们的形状多种多样，色彩也非常艳丽，就是同一种海葵，也会有不同的颜色，如细珠海葵就有红、黄、绿三种颜色，就像海底的红绿灯。

→海葵

知识小笔记

海葵是一种食性很杂的动物，食物包括软体动物、甲壳类和其他无脊椎动物甚至鱼类等。

窝里斗

海葵虽然能和其他动物和平相处，但也常常为争夺附着地盘或食物与自己的同类进行争斗。因此，经常会出现一个海葵把另一个海葵体表的疣突扫平或把触手拔光的残酷场面。

◀ 海葵为单体的两匹层动物，无外骨骼，形态、颜色和体形各异

难舍难分

海葵身体下端有一个基盘，这个基盘能帮助海葵紧紧地把自己固定在海中的物体上。当人们想用力将它从附着物上取下来时，它身体基盘的一部分仍会顽强地残留在附着物上，不会被拉下来。

相互帮忙的好搭档

小丑鱼整日穿梭于海葵的触手之间，捡食海葵吃剩的食物残渣。作为报答，它常用自己诱人的色彩将其他鱼类引入海葵的毒须中，让海葵饱餐一顿。

海底的星星——海星

海星俗称星鱼，是一种生活在大海深处的动物。它们常常把扁扁的身体贴在岩石上，展开自己的多个腕足，看起来就像天空中闪烁的星星，再加上它们表面鲜亮的颜色，简直美丽极了。

灵巧的"手"

海星摸起来很僵硬，其实它的腕足又柔软又灵活。它的运动速度非常缓慢，如果不小心被海浪打翻，腕足会首先卷曲过去，然后整个身体也就跟着翻转过去。

超强的再生能力

海星的再生能力很强。在大海里，如果它的腕足被弄断了，没过多久就会重新长出一只，成为一只完整的海星。更奇特的是，即使它们被分成几段，每一段都能长成一只新海星。

知识小笔记

海星直接用胃吃食物。当它们捕捉到贝类时，会把胃伸进贝壳里将贝肉消化掉。

腕足上的眼点

海星一般有 5 只腕足，每只腕足都像是它们的"胳膊"。它们的每一只腕足上都有一个像眼睛一样的东西，叫做"眼点"。其实，这些眼点并不能看清楚物体，只能分辨出明暗。

温柔的一面

海星虽然捕食时很凶残，但对自己的后代却十分温柔。海星产卵后常竖起腕足，形成一个保护伞，让卵在里面孵化，以免被其他动物吃掉。

善用迷惑术——乌贼

乌贼又叫墨鱼，但它们并不是鱼，而是软体动物。乌贼的身体像个橡皮袋子，内部器官全部包裹在里面。它们的头顶上张牙舞爪地伸出很多条触手，这是它们捕食和作战的武器。

既是前进又是后退

乌贼头部的漏斗不仅是生殖、排泄、喷墨的出口，也是运动器官。当它身体紧缩时，体内的水分就会从漏斗急速喷出，使它迅速前进。由于乌贼的漏斗平常总是指向前方，所以它的"前进"一般也是"后退"。

水中烟幕弹

乌贼非常善于运用"迷惑术"，它的身体里有一个墨囊，囊里装满黑色的毒液。遭遇敌害时，它的墨囊收缩，射出墨汁，霎时海水变成一片漆黑。在烟幕的掩护下，乌贼趁机逃之夭夭。

◄ 乌贼

"水中火箭"的秘密

乌贼尾部长着一个环形孔，海水经过环形孔进入外套膜后，再用软骨把孔封住。当乌贼快速游泳时，外套膜收缩，软骨松开，水便从前腹部的喷水管喷射出去，乌贼就像离弦的箭一般飞速前进。因此乌贼被称为"水中火箭"。

生殖洄游

乌贼生活在远洋深水里，到了春末时节，它们才成群结队地由深水游向浅水沿海来产卵，这种现象叫"生殖洄游"。乌贼喜欢把卵产在海藻或木片上面，像一串串葡萄似的挂在上面。

力大无比的大王乌贼

大王乌贼是最大的乌贼，一般生活在大西洋的深海水域。它体长约20米，性情凶猛，以鱼类和无脊椎动物为食。大王乌贼的力气非常大，竟然能与躯体庞大的巨鲸进行搏斗。

知识小笔记

微鳍乌贼是乌贼家族中的"侏儒"，它们通常只有一粒小花生米那么大。

能"颜"善"变"——章鱼

章鱼非常聪明，当它遇到危险时，会改变自己身体的形状和颜色，来吓退天敌，鞋底鱼、鱼狮鱼和海蛇都是它们模仿的对象。更厉害的是，它们还可以根据潜伏在附近的敌人来决定自己该模仿哪种动物。

自断触手

章鱼的触手是它进攻和防御的武器，但是遇到强敌时，它也会忍痛割爱，自断触手。章鱼的触手自断后，伤口会自行闭合，不会出血。第二天，伤口就会自动愈合，并生长出新的触手。

◂ 全世界章鱼的种类约有650种，它们的大小相差极大。最小的章鱼是乔木状章鱼，长约5厘米，而最大的可长达5.4米，腕展可达9米

章鱼的爱情

章鱼表达爱意的方法是用自己的触须去抚摸喜欢的同伴。一旦雌章鱼接受了雄章鱼的求爱，雄章鱼就会用一只专门的"胳膊"把一袋精子放进雌章鱼的体腔内。

伟大的"慈母"

雌章鱼一生只生育一次，当它产下卵后，就不吃不睡地守护着洞穴，不仅要驱赶猎食者，还要不停地摆动触手，使洞穴内的水时刻保持新鲜，让未出壳的小宝贝得到足够的氧气。小章鱼出壳后，雌章鱼也就完成了一生的职责，精疲力尽而死去。

▲ 普通章鱼于冬季交配

瓶子里的"囚徒"

章鱼是海洋里最可怕的生物之一，然而渔民却有办法制服它们。他们会把无数个小瓶子用绳子串在一起沉入海底。章鱼见到后，就会争先恐后地往里钻，结果成了瓶子里的"囚徒"。

▼ 章鱼将水吸入外套膜，呼吸后将水通过短漏斗状的体管排出体外

知 识 小 笔 记

太平洋章鱼是目前人类见到过的最大的章鱼。

横行将军——螃蟹

螃蟹是我们非常熟悉的海洋动物，在河流、海洋和沙滩上都能够看到它们的身影。它们穿着厚厚的盔甲，举着一对粗壮的"大钳子"，8 只锐利的硬爪，就好像 8 把利剑，样子看上去很威武。

知 识 小 笔 记

螃蟹的眼睛可以上下伸缩，伸出来时像两个对望的"哨兵"。

海边的"清洁工"

螃蟹一般以腐尸和低等小动物为食，因此成为海滩上的"清洁工"。如果没有螃蟹不停地大撕大嚼的话，美丽的海滨将充满动物的陈尸腐臭。

捡来的房子

寄居蟹属于隐居的蟹类，它们没有壳，没有办法保护柔软的身体。所以它们就会把其他动物遗弃的贝壳当作自己的"家"，当它们的身体渐渐长大时，再搬到大一点的贝壳里去。

▼海边的螃蟹

强盗蟹

强盗蟹长着一对强有力的螯，它们不但可以爬上高大的椰子树，而且还能剥开坚硬的椰壳直接取食椰肉。有时它们也会顺手将游客的照相机、饮料等悄悄偷走。因此，人们称它们为"强盗蟹"。

→强盗蟹

横行将军

螃蟹的8只脚都与头胸部连接着，不能转动方向。它们脚的关节只能向下弯曲，向左右移动，而不能向前爬。走路时，螃蟹先用一侧的脚抓地，然后再用另一侧的脚在地面上伸直往一侧推，因此，走起路来就是横行的了。

海底武士——虾

虾 生活在浅海海底，平时喜欢在泥沙中爬行。它们身上披着一层硬硬的甲壳，就像一个威风凛凛的武士。虾类成对的细脚和像胡子一样的长长触须，能够帮助它们在海底自如地游走。

人们喜爱的对虾

对虾

很多人都认为对虾是一雄一雌，成双成对生活在一起。其实不是这样。因为对虾体形比较大，吃起来味道鲜美，很受人们喜爱，渔民们在市场上售卖的时候，都喜欢用"对"来计算，慢慢地"对虾"就出名了。

龙虾

虾类中体形最大的要数龙虾。它们身披红色外衣，胸部有一对很威武的大钳子叫作"螯肢"。大钳子上面带有牙齿形状的突起，可以夹碎贝壳，是龙虾保护自己、捕食猎物的重要武器。

喜欢集体生活

磷虾具有集群生活的习性。这也许是一种本能反应，以便它们在遇到天敌或恶劣环境时能够相互照应，求得生存。

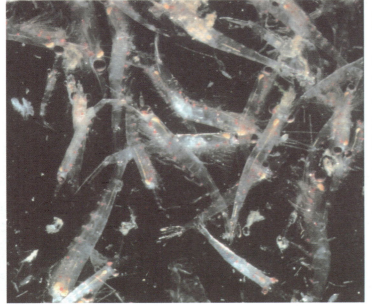

磷虾

磷虾也像武士一样将头和胸用硬壳包裹着，它们头上除了两根鞭子似的触角很引人注目外，还有两个黑色的小圆球，那是它们的眼睛。磷虾主要生活在南大洋中，它们不善游泳，在海洋中过着漂浮的生活。

南极有着丰富的磷虾资源，磷虾主要生活在距南极大陆不远的南大洋中，尤其在威德尔海的磷虾更为密集

海洋杀手——鲨鱼

鲨鱼是海洋中的杀手，它们在海洋里巡逻，如果闻到美味的食物，就会兴奋地冲上去，用一排排密密麻麻的锋利尖牙咬住猎物。它们身体庞大、游水迅速、捕食凶残，令其他鱼类望而生畏。

可怕的杀手

大白鲨是鲨鱼家族中真正可怕的杀手，它们可以长到一辆公共汽车那么长。大白鲨生性凶猛，可以轻松地把猎物咬成两半，有时还会在很短的时间内吞下一头海豹。最可怕的是，它们还会攻击人类。

死亡陷阱

巨嘴鲨的口腔内有层奇特的组织，能发出耀眼的亮光。它们常常在海洋深处张开巨嘴，等那些向往光亮的浮游生物主动送上门。可惜那些浮游生物还不知道自己就要成为巨嘴鲨的美食了。

知识小笔记

鲨鱼最敏锐的器官是嗅觉，它们能闻出数米外的血液等极细微的物质，并追踪出来源。

闻到血腥就兴奋

鲁鱼一闻到血腥味就非常兴奋，四处乱撞，碰到什么咬什么。如果一头鲁鱼在攻击鱼群时，其他鲁鱼也闻到了传来的血腥味，就会兴奋地加入，疯狂大吃。有时，它们因为太兴奋，甚至会吃掉自己的同伴。

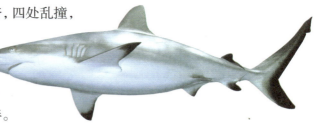

大块头没有大胃口

鲸鲁被称为"鲁王"，是世界上最大的鲁鱼，它们的身体可以长到 20 多米长，体重相当于 4 头大象的体重总和。可是这个大块头的胃口并不大，它们只吃鱼、虾、乌贼等小型水中动物。

◄ 大白鲁

长尾巴的鲁鱼

长尾鲁的外形很像一把刀子，身体粗大，头部短小。它们最能吸引人眼球的是那条神奇的长尾巴。尾巴是它们捕食的好帮手，只要用尾巴一拍打海水，鱼群就会被振晕，它们便冲进鱼群大吃一顿。

甜蜜赛鸳鸯——蝴蝶鱼

当人们看到陆地上飞舞的蝴蝶时，会情不自禁地赞叹它们的美丽，而蝴蝶鱼的美名，就是因为这种鱼有着与蝴蝶一样美丽的外表。蝴蝶鱼的身体表面有五彩缤纷的图案，它们大部分都生活在热带地区的珊瑚礁中。

水族馆中的"大家闺秀"

蝴蝶鱼生性胆小，喜欢将自己隐藏在珊瑚丛中。如果被人类饲养在水族箱里，它们会活得自在一点，可是这些胆小鬼，在吃东西的时候一般都争不过其他鱼类，所以主人需要给它们一点特殊照顾。

甜蜜的伴侣

蝴蝶鱼对"爱情"忠贞专一，大部分都成双成对，好似水中的鸳鸯，结伴在珊瑚礁中游弋、戏耍。当一尾蝴蝶鱼吃食物时，另一尾会立刻在其周围充当起"警戒员"的角色。

🔸 蝴蝶鱼活在五光十色的珊瑚礁礁盘中，具有一系列适应环境的本领，其艳丽的体色可随周围环境的改变而改变

迷惑对手

蝴蝶鱼常把自己的眼睛藏在穿过头部的黑色条纹之中，而在尾部或背部留下一只醒目的假眼睛。捕捉它们的动物经常把长假眼睛的地方当作头部，等敌人扑过来时，它们就会使劲摆动尾巴，拼命向前逃跑。

▶蝴蝶鱼由于体色艳丽，深受我国观赏鱼爱好者的青睐

会变的体色

蝴蝶鱼艳丽的体色可随周围环境的改变而变化。通常一尾蝴蝶鱼改变一次体色需要几分钟，有的甚至只需几秒钟。它们从珊瑚丛这边进去，当从那边出来时，可能就换上了另一身"衣服"。

知 识 小 笔 记

五彩斑斓的体色是蝴蝶鱼用来交流的工具，可以告诉同伴食物、危险等信息。

鲨鱼的近亲——鳐鱼

鳐 鱼又名"平鲨"，它们身体扁平，尾巴像一条细长的鞭子，头和躯体没有界限，身体周围有一圈胸鳍，张开与头侧相连，呈圆形、菱形或扇形。鳐鱼一般不具有攻击性，平常都静静地伏在海底。

温和的大鳐

大西洋中生活着一种体形巨大的蝠鳐，它们胸鳍张开时就像一张大毯子，因此被称为"毯鳐"。蝠鳐的外表虽然丑陋，但性情却很温和，只吃微小的浮游生物。

知识小笔记

线板鳐是最大的一种鳐鱼，胸鳍展开后达 8 米。

电鳐

电鳐是鳐鱼的一种，它们的头胸部两侧各有一个椭圆形、蜂窝状的发电器，这两个发电器能把神经能转化为电能。电鳐可以放出高达 200 伏特的电流，使企图袭击它们的对手望而却步，不敢轻易靠近。

⬇ 电鳐

鲨鱼的近亲

鳐鱼的样子虽然和鲨鱼相差很远,但却是鲨鱼的近亲。鳐鱼和鲨鱼一样都没有鱼鳔,所以它们在海水中游泳时,主要依靠胸鳍做波浪性的运动前进。

▸鳐鱼是多种扁体软骨鱼的统称

鳐鱼的磁场

鳐鱼的磁场在它们嘴里的小孔内,可探测到其他鱼类放出的电。如果电力较强,它们就知道来的是大鱼,于是急忙躲避;如果电力较弱,则是小鱼,便毫不犹豫地把它吞进腹中。

◂鳐鱼的种类很多,全世界发现的鳐鱼有100多种

美味佳"鳐"

孔鳐在各地有不同的叫法,有老板鱼、华子鱼、锅盖鱼、鲂鱼、油虎等名称。孔鳐肉多刺少,没有硬骨。它们的肉既可以新鲜食用,也可以腌制加工成淡干鱼。

▸鳐鱼除了分布在南太平洋和南美洲东北沿海外,在世界所有的温带和热带的浅水中都有分布

鱼类中的"另类"分子——比目鱼

比目鱼是海洋中最奇特、最"另类"的鱼，因为它们不但体形扁平，而且两只眼睛都长在身体的同侧。比目鱼在水中游动时不像其他鱼类那样脊背向上，腹部向下，而是有眼睛的一侧向上，躺着游泳。

眼睛变化的秘密

比目鱼刚出生时与普通鱼类一样，眼睛长在头部两侧。大约20天后，它们的形态开始变化。当它们长到1厘米长时，一侧的眼睛就开始搬家，通过头的上缘逐渐移动到对面，直到跟另一只眼睛接近时，才停止移动。

▶喜欢平卧的比目鱼

知识小笔记

一般来说，眼鼻都长在左边的比目鱼叫鲆，都长在右边的叫鲽。

埋伏高手

比目鱼不喜欢游动，常常平卧在海底，在身体上覆盖一层沙子，只露出两只眼睛以等待猎物的到来。这样一来，两只眼睛在一侧的优势就显示出来了，当然，这也是动物进化与自然选择的结果。

软头骨

比目鱼的头骨是由软骨构成的，当它的眼睛开始移动时，两眼间的软骨先被身体吸收。这样，眼睛的移动就没有任何障碍了。

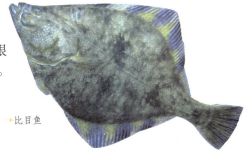

▸比目鱼

不同的体色

比目鱼平常都栖息在海底，它们身体朝上的一侧，为了适应环境，变成了和周围泥沙一样的深色，而身体朝下的一侧则不需要保护，所以是浅白色。

会生孩子的爸爸——海马

海马长着像传说中的龙一样的头，像猴子一样的尾巴，像喇叭一样的嘴，而且身上还覆盖着很多节骨骼，就像穿了"盔甲"一样。虽然它们外形不像鱼类，但是它们和其他鱼类一样，有脊椎、鳃、鳍等器官。

海马因其拟态适应特性，习性也较特殊，喜栖于藻丛或海韭菜繁生的潮下带海区

独特的泳姿

海马游泳的姿势与其他鱼类不同，它们游泳时头朝上尾朝下，可以进行身子与水完全垂直的直立游泳。虽然这是它们的特殊本领，但是也给它们的捕食活动带来了一些烦恼。

知识小笔记

海马的皮肤腺可以分泌出一种红色的黏液，能保护其敏感的皮肤。

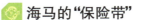 会生孩子的爸爸

　　海马与其他动物不同，生孩子的任务是由雄海马完成的。雄海马的肚子上长着一个很特别的育儿袋，雌海马就把卵产在里面，由雄海马负责孵化。

海马的"保险带"

　　海马有一条又长又卷的尾巴，就像"保险带"。当它们在觅食途中想休息一下时，就会用尾巴钩住附近的珊瑚或者海草，有时候也会钩在同伴的嘴上。这样，它们就不会被海水冲走了。

　◀海马并不是雌雄同体，海马只是雄性孵化

　◀海马是靠鳃盖和吻的伸张活动吞食食物，饵料的大小以不超过吻径为度

衣着艳丽的鱼——七彩神仙鱼

七彩神仙鱼是热带观赏鱼中最显眼的一种。它们周身镶着美丽的花边，扁圆的身体有些呈艳蓝色，有些呈深红色，而且从鳃盖到尾柄都分布着漂亮的花纹，在阳光照耀下，闪烁出神奇的光泽。

"神仙"住在"天堂"里

野生七彩神仙鱼栖息在大西洋与亚马孙河入海口的热带水域中。那里风景秀美，气候湿润，简直是"神仙"居住的地方。

知识小笔记

七彩神仙鱼的幼鱼在成长过程中，与成鱼形态和色彩截然不同，很容易被误认为是两种鱼。

七彩神仙的得名

　　七彩神仙鱼的基本体色有蓝色、红色、绿色、黄色。其中，蓝色和红色最常见。它们经常摆动着扇形尾巴在水中悠然自得地游来游去，泳姿优美、雍容华丽，因此人们给它们起了一个贴切的名字——"七彩神仙"。

镶着花边的"盘子"

　　七彩神仙鱼的背鳍和臀鳍十分发达，成鱼的身体成圆盘形，背鳍位于身体的周边，犹如一个镶着花边的"盘子"。依据体色的不同，它们分为绿圆盘慈鲷、棕圆盘慈鲷、红圆盘慈鲷、蓝圆盘慈鲷等不同品种。

　　七彩神仙鱼有以蓝色为主基调的蓝七彩，并以红、黄、蓝、绿、黑、棕、白、紫色等为点缀，花色繁多，美不胜收，素有"热带鱼王"的美称

吃里扒外——鳗

人们常说"大鱼吃小鱼"，可海洋中偏偏有"小鱼吃大鱼"的怪事发生。它们从大鱼的鳃部钻入腹腔，在大鱼肚里咬食内脏与肌肉，直至咬穿大鱼的腹肌，最后破洞而出。它们就是有着蛇一样细长身躯的鳗。

安全的小窝

当七鳃鳗无处可依时，便会与同伴一起安静地待在自己泥泞的小窝里。水底浑浊的泥浆是它们最好的保护屏，因此不必担心敌人的攻击。

鳗的历史

鳗是唯一一种脊椎类软体动物，因此科学家很难找到它们在远古时期的化石。但科学家推测，盲鳗的祖先应该生活在5.5亿多年前的寒武纪时期。

▶ 多数鳗类在幼体或成体期单独生活

大胆的七鳃鳗

七鳃鳗又叫八木鳗，生活在我国黑龙江一带。成年的七鳃鳗胆子很大，鳟鱼、白鲑、黑水牛、鲤鱼等都受过它们的攻击，它们甚至敢毫无顾忌地依附在一些危险的鱼类身上。

七鳃鳗

特别的"择偶"标准

地中海有一种鳗鱼，雌鱼选择伴侣的标准是能否照料后代。为此，雌鱼对未来的"丈夫"要进行测试。它会将一堆鱼卵留给一条雄鱼，如果雄鱼在几天内不丢弃、不吞食这些鱼卵，它就会与这条雄鱼进行交配；反之，则会转身离去。

知识小笔记

鳗的性别是后天确定的，主要受环境因素影响。

可爱的小精灵——小丑鱼

海洋里有一种身上长着白色条纹的艳丽小鱼，就好像京剧中的丑角，所以人们称它们"小丑鱼"。小丑鱼喜欢群体生活，几十尾组成一个大家庭，有长幼尊卑之分。如果谁犯了错，大家就会冷落它；如果谁受了伤，大家也会一起照顾它。

安全的"保护伞"

海葵的触手有毒，很多鱼类都有被海葵蜇刺的经历，所以每次看到海葵都远远地离开。但小丑鱼不害怕海葵，常常自由穿梭于这片"丛林"。一但遇到危险，它们就会立即躲进海葵的保护伞下。

知识小笔记

小丑鱼体表有一层保护黏液，可以抵抗海葵的毒素。所以，它们可以在海葵中自由出入。

极强的领域观念

通常，一对雌雄小丑鱼占据一个海葵，拒绝其他同类进入。如果是一个大海葵，它们也允许一些幼鱼加入。在这个大家庭里，体格最强壮的是雌鱼，它会追逐、压迫其他成员，让它们只能在海葵边缘的角落里活动。

◀ 可爱的小丑鱼

↑小丑鱼和海葵

奇妙的性别转换

小丑鱼在成长过程中性别会发生转变。雄鱼会在几星期内转变为雌鱼，完全具有雌性的生理机能，然后再用更长的时间来改变外部特征，如体色。在其余的雄鱼中会产生一尾最强壮的成为它的配偶。

可爱的小精灵

小丑鱼是海洋中可爱的小精灵，它们不但色彩美丽，而且性情温和，几乎所有饲养海水观赏鱼的人都会优先选择它们作为入门的品种。

↑在海葵里面的小丑鱼

披着蓑衣的鱼——蓑鲉

蓑鲉总是喜欢在海底慢慢地游弋。它们的背鳍、胸鳍和腹鳍的鳍条都是分开的，远远看上去像是披着一件美丽的蓑衣。它们游动时，展开的胸鳍和背鳍就像火鸡的羽毛，所以人们又把它们称为火鸡鱼。

原形毕露

蓑鲉是一种美丽的鱼，但你千万别被它的外表迷惑。平常，它们的身体由一层薄膜作掩护，可一旦伪装卸除，便会露出含有毒液的尖刺，任何被它刺中的猎物都难逃死亡的命运。

大海里的漂流瓶

蓑鲉的繁殖方式是卵生。这些卵"穿"着一层胶质外衣，呈块状浮在水面上，远远望去，就像海面上的"漂流瓶"。

知识小笔记

蓑鲉大多栖息在红海、印度洋、太平洋等海域浅海的礁岩附近。

尽责的父亲

　　雄性蓑鲉很负责任，它们除了保护鱼卵免受凶猛动物的伤害外，退潮时，还要口中含水喷吐到鱼卵上，来保持孵化所需的湿度。幼鱼出生后，一旦遇到险情就向雄鱼游去，吸附在它们身上，雄鱼会立刻载着幼鱼游向安全地带。

致命的观赏鱼

　　如果人类不幸被蓑鲉刺中，会出现局部麻痹、疼痛，重则瘫痪，甚至死亡。不过，蓑鲉的色彩也招来一大批鱼类饲养者。对于那些不懂蓑鲉生活习性的饲养者来说，这种漂亮的鱼往往会成为致命的动物。

▶深海中的蓑鲉

海洋中的游泳冠军——旗鱼

旗鱼是一种凶猛的食肉鱼类。它们眼圆口大，上吻突出，好像一柄锋利的长剑；尾部呈"八"字形，犹如一柄大镰刀；背部两个互相分离的背鳍，又像一面迎风招展的大旗。它们的游泳速度非常快，令很多鱼类望尘莫及。

水中战舰

旗鱼有前后两个背鳍，当它们在水中快速游动时，为了减少阻力，会放下前面的背鳍，用长剑般的吻突将水面向两旁分开，同时不断地摆动尾鳍，就像海面上一艘飞速行驶的战舰。

▶旗鱼，又称芭蕉鱼。为太平洋热带及亚热带大洋性鱼类

游泳冠军

海豚是海洋中的游泳能手，速度为每小时 60 多千米，但旗鱼比它游得还快。旗鱼的短距离速度可达每小时 110 千米，因此，它是海洋中当之无愧的游泳冠军。

知识小笔记

旗鱼体长可达 5 米，一般体重达 60 千克以上，最重可达 600 千克以上。

雌雄分辨

雌雄旗鱼非常容易区分，成熟生殖期的雄鱼体色艳丽，处在发情阶段的雄鱼体表条纹散乱不齐；雌鱼体色比较暗淡，腹部宽大肥满。

◀ 雌鱼排卵延续 6~7 天，每天旗鱼 10~20 余粒不等

强大的攻击力

旗鱼的攻击力特别强，不但能攻击大型鲸，就连人类的船只也不放在眼里。据记载，第二次世界大战后期，一艘满载石油的轮船曾遭到旗鱼的攻击。它们用"利剑"刺穿油轮的钢板，海水从大窟窿里涌进船舱。

◀ 旗鱼的攻击力特强。它那骨质利剑——尖长喙状吻部——非常坚硬

横冲直撞

旗鱼喜欢游浮于水的表层，将旗状背鳍和镰刀形的尾鳍露出水面，巡游四方。当它们发现猎物时，就会将自己锋利的剑式长吻冲入鱼群，东捅西戳，肆意追杀，一会儿便将海面搅得鲜血翻滚，鱼尸漂浮。

颠三倒四的大个子——翻车鱼

翻车鱼是世界上形状最奇特的鱼类之一，它们的身体又圆又扁，像个大碟子。翻车鱼体形较大，最大者体长可达 3～5 米，但它们的游动速度很慢，一个小小的海浪，就能把它们打得颠三倒四，失去平衡。

◂ 翻车鱼

"月亮鱼"的由来

翻车鱼生活在热带海域中，身体周围常常附着许多发光动物。它们一游动，身上的发光动物便会发出明亮的光，远远看去像一轮明月，所以有了"月亮鱼"的美称。

笨拙的游泳者

尽管翻车鱼体形庞大，但却能灵活拍打长长的背鳍和另一边的臀鳍，两鳍交替使用，它们就可以在水中前行，不过，它们的游泳技术很差。翻车鱼的尾巴，对游动几乎毫无用处，只能像舵一样起到平衡的作用。

知识小笔记

翻车鱼主要以水母为食，它们用微小的嘴巴将食物铲起。

厚厚的皮

翻车鱼拥有令人难以置信的厚皮，它们的皮由厚度达 15 厘米的稠密骨纤维构成。19 世纪时，渔民的孩子们常把厚厚的翻车鱼皮用线绳绕成弹性球玩。

翻车鱼的皮

最会生孩子的鱼妈妈

翻车鱼既笨拙又不善于游泳，所以很容易被海洋中的其他鱼类、海兽吃掉。而它们至今不会灭绝的原因就是具有强大的生殖力，一条雌鱼一次可产 3 亿个卵，是海洋中最会生孩子的鱼妈妈。

海洋上空的天使——海鸟

提 起海鸟，我们往往会想到海鸥、海燕和信天翁。其实，海鸟的种类很多。碧海群鱼跃，蓝天鸥鸟飞，这些海鸟不仅使富饶的海洋充满勃勃生机，同时也构成了海上一道道亮丽的风景线。

海鸟的分类

海鸟分为两大类：一类被称作大洋性海鸟，如信天翁，这种鸟在远离大陆的大洋上空生活，除繁殖期外，几年可以不着陆；另一类为海岸性海鸟，如海鸥、军舰鸟，这种海鸟白天出海觅食，天黑返回陆地过夜。

贼鸥

贼鸥是海鸟中最著名的偷猎者，被称为"南极之鹰"。它们除了吃腐肉外，还偷吃企鹅蛋和小企鹅，因此又被称为"飞行大盗"。

→贼鸥是典型的海洋鸟类。它们有时也会远离海洋，但是大部分时间里它们都是在开阔海面上度过的

◀ 信天翁

漫游信天翁

　　漫游信天翁是世界飞鸟之王，它日行千里也丝毫不感到疲惫。不仅如此，漫游信天翁还是空中滑翔的能手，可以连续几小时不扇动翅膀，仅凭借气流的作用滑翔。

知识小笔记

　　为了防止潜水时海水灌入鼻孔，海鸟的鼻子经过长期的演化，已经失去了外鼻孔。

海鹦

　　海鹦生活在北太平洋，喜欢群居，它是世界上潜水本领最强的鸟类。在捕鱼时，它可以轻松自如地潜入几十米，甚至200米深的海水中，直到捕捉到的鱼儿足以填满它那宽大的嘴巴时才浮出海面。

千姿百态的沉默者——海洋植物

海洋植物是自然界所有植物的祖先，它们是由单细胞藻类逐步进化而成。无论是人们爱吃的海带、裙带菜和紫菜，还是用做工业原料的硅藻，都显示了海洋植物巨大的经济价值。各种鱼类穿梭其中，共同构成了多彩的海洋生命世界。

紫菜

紫菜是一种味道鲜美、营养完善的食用海藻，其蛋白质、无机盐和各种维生素的含量非常丰富。此外，紫菜有较高的药用价值，有"神仙菜""长寿菜"的美称。

↑紫菜

海藻

藻类是原始的低等植物，广泛分布于江河湖沼和海洋中，其种类繁多、形态万千，是植物中的大类群。海藻是海洋植物的主体，目前可用做食品的海洋藻类有 100 多种。

海草

海草是一类生活在温带海域沿岸浅水中的单子叶草本植物。它常在沿海浅滩外面的水下岸坡形成广阔的海草场，是小虾、幼鱼良好的生长场所，也是海鸟的栖息地。

◀ 红色的海藻和小丑鱼

● 红藻

浮游植物

浮游植物能直接吸收海水中溶解的无机物，所以没必要像陆地上的植物那样需要把根扎在泥土里。它们形状各异，有的像车轮，有的像小箱子，有的像糖葫芦……

红树植物

红树植物是生长在热带海洋潮间带的木本植物，例如红树、秋茄树、红茄冬、海莲等。当退潮以后，红树植物在海边形成一片绿油油的"海上林地"，也有人称之为"碧海绿洲"。

知识小笔记

海洋植物分为浮游植物和底栖植物两类。

弱肉强食——海洋食物链

海 洋是水的王国，这里有一个很有趣的生态系统。在海洋生物群落中，存在着从低级到高级的层级关系。物质和能量在各个环节进行转换与流动，时刻保持着海洋生态系统中的物质循环和能量流动。

◀ 绿藻

第一级别

食物链的第一级别是由数量极多的海洋浮游植物构成，这些生物通过光合作用生产出碳水化合物和氧气，成为海洋一切生物生长的物质基础。

第二级别

比植物高一级的是海洋浮游动物，它们以海洋浮游植物为食。浮游动物又被比自己高级的海洋动物捕获，成为海洋动物的美餐。

大鱼吃小鱼

　　海洋动物和植物组成一个能量流，这种食物链的结构很像金字塔，底座很大，每上一级都缩小很多。"大鱼吃小鱼，小鱼吃虾"的层级关系就形成了吃与被吃的能量转换。

◀鲸鲨是须鲨目的一种，是目前世界上最大的鱼类

第三级别

　　比浮游动物高一级别的是一些小型鱼类，它们为了获取热量，维持生命，需要食用一定量的浮游动物。

第四级别

　　处于食物链最高层的是海洋中的食肉类动物，比如金枪鱼、鲨鱼等。不过，从低级到高级的能量逐层转换，动物的数量也随之越来越少。

▶食物链

知识小笔记

　　鲸处在食物链的顶端，人类的滥杀使其数量急剧减小，破坏了海洋的生态平衡。

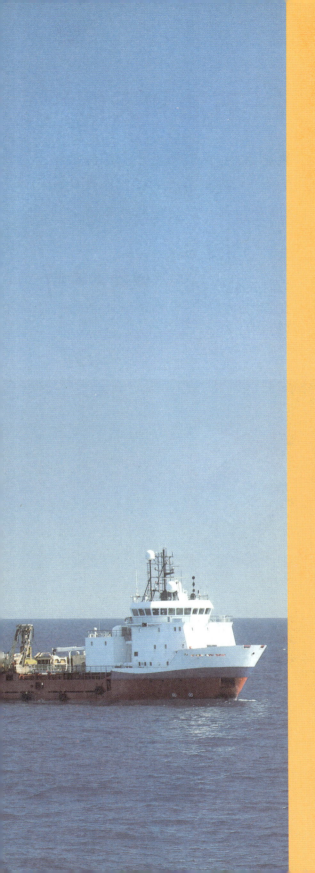

海洋资源

　　海洋是一个巨大的资源宝库，拥有各种与人类生活密切相关的资源。这里不仅蕴藏着石油、天然气、金属等矿产资源，而且还是食盐及各种水产品的主要来源。这些资源既丰富了海洋，也丰富了我们的生活。

"孪生兄弟"——石油和天然气

石 油和天然气是两种十分重要的能源，为我们的生产生活提供了很大帮助。它们不仅存在于陆地上，而且还广泛分布在海底。据不完全统计，海底蕴藏的油气资源储量约占全球油气总储量的1/3。

形成"原料"

海底石油和天然气是一对"孪生兄弟"，它们多栖身在海洋中的"大陆架"和"大陆坡"底下。在全世界海洋中，浮游生物的遗体一年可产生600亿吨的有机碳，这些有机碳就是形成海底石油和天然气的"原料"。

知 识 小 笔 记

海底石油的开采过程包括钻井生产、采油气、集中、处理、贮存及输送等环节。

海洋石油

　　分布在海底的油藏相对于陆地油藏而言称为海洋石油。中东地区的波斯湾，美国、墨西哥之间的墨西哥湾，英国、挪威之间的北海，中国近海包括南沙群岛海底，都是海洋石油非常丰富的区域。

储量丰富

　　据估测，全球的海洋石油储量约1 350 亿吨，迄今已发现 1 600 多个海洋油气田，已有 40 多个国家在其海域开采石油和天然气。几乎所有大陆架都成为勘探、开发石油的场所，都是很好的海洋油气区。

▲ 海上石油钻探的典型海域是北海、墨西哥湾和委内瑞拉湾等。中国的渤海、北部湾等海域亦正顺利进行

▲ 天然气煤灶

▲ 天然气管道

海水中的晶体——食盐

食盐是我们日常生活中不可缺少的食品，对人体的新陈代谢起着重要作用。我国的食盐资源很丰富，产盐区遍及全国。浩瀚的海洋中蕴含着大量的盐，从海水中晒盐是获取食盐的主要途径之一。

最大的盐库

食盐不但是人体不可缺少的物质，还是重要的化工原料。盐的主要来源是海洋。我国是海水晒盐产量最多的国家，也是盐田面积最大的国家。目前，只有我国、印度和少数国家大规模海水晒盐。

→食盐是我们生活中不可缺少的调味品

海水晒盐

在广阔的海滩上，人们挖出一块块大池地，海水被拦截在一方方盐池里。经过长时间的日照，太阳把海水晒干，海水中溶解的氯化钠就会结晶出来。从 1 000 千克海水中可以得到30 千克左右的粗盐。

知识小笔记

通常，人体组织中的水分含盐的浓度为 0.9%，即每100 毫升水中含 0.9 克盐。

←盐矿

阳光和风的作用

晒盐时，阳光和风力比较重要，日晒风吹可以加速水分子的运动，从而有利于食盐晶体的析出。

◀ 如果把海水中的盐全部提取出来平铺在陆地上，陆地的高度可以增加153米

精盐生产

海水晾晒得到的食盐晶体含有大量的杂质，还不能直接使用，需要进一步提纯处理。人们首先将粗盐溶解、过滤、洗涤，去除镁、钙等杂离子，随后将溶液送入蒸发罐内蒸发结晶，然后再用离心机脱水，最后将其送入干燥器进行干燥松散，得到成品盐。

盐田法

把海水引入盐田，利用日光、风力蒸发浓缩海水，使其达到饱和，并进一步使食盐结晶析出来，这种方法称为盐田法或太阳能蒸发法。

◀ 盐田

海洋"特产"——海洋渔业

提 到海洋，我们想到最多的就是鱼类。海水中富含鱼类生存所需的营养物质，为鱼类创造了一个舒适的成长乐园。海洋渔业资源是海洋资源中最重要的一种。

分布区域

海洋渔业资源主要集中在沿海大陆架海域，也就是从海岸延伸到水下大约200米深的大陆海底部分。这里阳光集中，生物光合作用强，入海河流带来了丰富的营养盐类，所以鱼类众多。

我国海洋渔业资源

我国海洋鱼类近2 000种，其中300多种是重要经济鱼类，60～70种是最为常见而产量又较高的主要经济鱼类。南海的鱼种最多，有1 000多种。

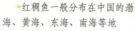
➤红稠鱼一般分布在中国的渤海、黄海、东海、南海等地

▸ 鲨鱼

渔业资源危机

据调查研究显示，由于人类过度捕捞及海洋污染，目前世界海洋里的大型鱼类资源已经减少了很多。有些鱼种，如鲨鱼，可能会在未来的几十年里灭绝。科学家呼吁，为了保护这些鱼类资源，人类应该减少捕鱼量，保护海洋环境，给鱼类提供生息繁衍的机会。

世界渔场

从洋流对渔场影响的角度讲，世界上有四大著名渔场，分别是北海道渔场、纽芬兰渔场、北海渔场、秘鲁渔场。这些渔场中出产的主要经济鱼种有鲱鱼、鳕鱼、鲭鱼、大马哈鱼、鲽鱼、鳀鱼等。

▾ 纽芬兰捕鱼场

知识小笔记

在脊椎动物 5 大类中，鱼类是最低等的，在地球上出现的时间也最早。

海水淡化——天然水库

水 是生命的基础，也是工农业生产的保证。没有水，就没有人类，没有庄稼，没有地球万物。海洋是一个水的世界。地球上总水量的97%都贮存在海洋中。虽然海水不能直接利用，但经过海水淡化，成为淡水资源后就可以用了。

海水淡化

水是海水中最重要的资源之一。所谓海水淡化，就是除去海水中的盐分，以获得淡水的工艺过程，又称海水脱盐。目前，世界上有40多个国家，12亿人口在闹水荒，为此，许多国家采取了海水淡化的措施。

冰川"固体淡水库"

由于海水结冰时盐分都被排斥在外，所以冰川大多是淡水冻结。海水淡化的成本很高，因此，人们认为，南极大陆和北冰洋中的冰川是取得淡水资源的最佳途径。

◄ 海水淡化厂

126

▲ 长江

淡水资源

淡水资源是一种可再生资源，地表的河、湖、水库和地下的含水层储存着一定量的淡水。地球的两极有非常丰富的淡水资源，特别是南极，世界上70%以上的淡水都集中在那里。

海水淡化的方法

海水淡化的方法很多，主要有蒸馏法、电渗析法、溶剂萃取法、水合物法及离子交换法等。目前，世界上采用最多的方法是蒸馏法。

▲ 科威特水塔

"海湾明珠"科威特

1953年，科威特建起第一座日产455万升的海水淡化厂。现在，科威特拥有5座大型海水淡化厂，日产淡水10.65亿升，居民用水和工业用水完全自给。位于科威特大塔群的淡蓝色球形储水塔，已经成为科威特的标志。

知识小笔记

世界最大的海水淡化工厂建立在美国佛罗里达州的基韦斯特市。

蓝色的煤矿——潮汐能

潮汐为人类的航海、捕捞和晒盐提供了方便，它蕴藏着巨大的能量——潮汐能，可以转化成电能，给人类带来光明和动力。潮汐能发电是海洋能源中技术最成熟、利用规模最大的一种。

能量转化

在涨潮的过程中，汹涌而来的海水具有很大的动能，而随着海水水位的升高，海水的巨大动能转化为势能；在落潮的过程中，海水奔腾而去，水位逐渐降低，势能又转化为动能。

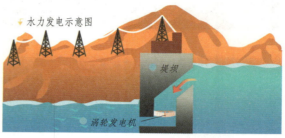

水力发电示意图

堤坝

涡轮发电机

知识小笔记

1913 年，德国建立了世界上第一座利用潮汐发电的潮汐电站。

潮汐发电

潮汐发电就是在海湾或有潮汐的河口修建一座拦水堤坝，形成水库，并在坝中或坝旁放置水轮发电机组，利用潮汐涨落时海水水位的升降，使海水通过水轮机时推动水轮发电机组发电。

我国潮汐能

我国潮汐能的理论蕴藏量达 1.1 亿千瓦，在我国沿海，特别是东南沿海，有很多密度较高的能量，平均潮差 4～5 米，最大潮差 7～8 米。其中浙江、福建两省的潮汐能蕴藏量最大，约占全国的 80.9%。

"蓝色的煤海"

潮汐能的大小随潮差而变，潮差越大，潮汐能越大。据专家估计，全世界海洋潮汐能的年发电量可达 33 480 万亿度。因此，人们将潮汐能称为"蓝色的煤海"。

▲ 潮汐

郎斯电站

第一座具有商业实用价值的潮汐电站是 1967 年建成的法国郎斯电站，位于法国圣马洛湾郎斯河口。郎斯潮汐电站机房中安装有 24 台双向涡轮发电机，总装机容量 24 万千瓦，年发电量 5 亿多千瓦时。

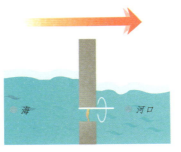
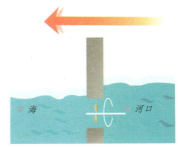

▲ 潮汐发电示意图

▶ 郎斯电站

海底奇观

　　对人类来说，海底世界是神奇而又神秘的，目前人类对它只是一知半解。海底并不平坦，就像陆地上存在山峰、山谷、平原、盆地一样，海底有海盆、海沟、海山等，不过这里的景象与陆地上完全不同。

海底的"山脉"——洋中脊

脊梁是人体的重要支柱，海洋也有脊梁，大洋的脊梁就是大洋中脊，它决定着海洋的成长，是海底扩张的中心。洋中脊又称中央海岭，它是一个世界性体系，横贯各大洋，是全球规模最大的洋底山系。

大洋中脊

大西洋中脊贯穿大洋中部，与两岸大致平行；印度洋中脊犹如"人"字分布在大洋中部；太平洋中脊位于偏东的位置上。三大洋中脊在南部相互连接，而北端却分别伸进大陆。

● 冰岛的位置正好处于大西洋的海脊上，所以地震频繁

✦ 纵向延伸的中央裂谷和横向断裂带是大洋中脊最突出的特征

太平洋洋脊偏侧

根据海底扩张假说，洋脊两侧的扩张应该是平衡的，大洋洋脊应位于大洋中央，但太平洋洋脊却不在太平洋中央，而偏侧于太平洋的东南部，并在加利福尼亚半岛伸入了北美大陆西侧。

冰岛最大的冰湖扎古萨拉冰湖

中央裂谷

中央裂谷是洋中脊中央顶部两个脊峰之间的深陷裂谷，裂谷两侧是陡峻的平行脊峰。中央裂谷一带是地壳最薄弱的地方，容易发生地震，而且经常释放热量。

亚速尔群岛风景

知识小笔记

大洋中脊为环球山系，总长度约8万千米，总面积同地球上全部陆地的面积差不多。

造岛运动——海底火山

海底火山指的是形成于浅海和大洋底部的各种火山，它包括死火山和活火山。地球上的火山活动主要集中在板块边界处，而海底火山大多分布于大洋中脊与大洋边缘的岛弧处。此外，板块内部也有一些火山活动。

海底火山的分类

海底火山可分边缘火山、洋脊火山和洋盆火山。边缘火山指沿大洋边缘的板块俯冲边界分布着的弧状的火山链，是岛弧的主要组成单元。洋脊火山指顺洋中脊走向，成串出现的海底火山与火山岛。洋盆火山指散布于深洋底的各种海山，包括平顶海山和孤立的大洋岛等。

爆炸性海底火山

海底火山喷发时，常伴有壮观的爆炸。这种爆炸性海底火山爆发时会产生大量气体，主要是来自地球深部的水蒸气、二氧化碳及一些挥发性物质。同时，还有大量火山碎屑物质及炽热的熔岩喷出。

知识小笔记

据统计，全世界共有海底火山约2万多座，太平洋拥有一半以上。

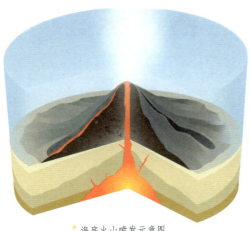

海底火山喷发示意图

海底火山带

现有的活火山除少量零散在大洋盆外，绝大部分在岛弧、洋中脊的断裂带上，呈带状分布，统称海底火山带。海底火山的分布相当广泛，大洋底散布的许多圆锥山都是它们的杰作。

夏威夷岛的海底火山

冒纳罗亚火山

美国的夏威夷岛就是海底火山的杰作。这里有 5 座火山，其中冒纳罗亚火山海拔 4 170 米，它的大喷火口直径达 5 000 米，常有红色熔岩流出。冒纳罗亚火山曾在 1950 年大规模地喷发过，是世界上著名的活火山。

冒纳罗亚火山

大陆的边缘——大陆架

我们平时所看到的海岸线并不是大陆与海洋的分界线，实际上，在海面以下，大陆仍以极为缓和的坡度延伸至大约200米深的海底，这一部分就是大陆架。大陆架像是被海水淹没的滨海平原，是海洋生物的乐园。

↑ 大陆架示意图

大陆架的形成

大陆架曾经是陆地的一部分，只是由于海平面的升降变化，使得陆地边缘的这一部分在一个时期里沉溺在海面以下，成为浅海的环境。

大陆坡上的沉积物

大陆坡上的沉积物主要是来自陆地河流的淤泥、火山灰、冰川携带的石块，还有亿万年来海洋生物残体的软泥。整个大陆坡的面积约有25%覆盖着沙子，10%是裸露的岩石，其余65%覆盖着一种青灰色的有机质软泥。

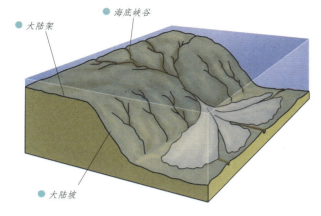

大陆架

海底峡谷

大陆坡

大陆坡

　　大陆架以下是大陆架向大洋底过渡的斜坡，坡度陡然增大，一般为 3°~4°，有的甚至超过 10°，水深急剧增加，一般为 200~2 500 米。这就是比较狭窄的大陆坡，它的底部才是大陆与海洋的真正分界线。

优良渔场

　　虽然世界大陆架总面积为 2 700 多万平方千米，占海洋总面积的 8%，但鱼的捕获量却是海洋渔业总产量的 90%以上。因为大陆架区域水质肥沃，海水中含有大量的营养盐，是良好的渔场。

　　大陆架海区水产资源丰富，海底多蕴藏石油、天然气以及其他矿产资源，这些自然资源属沿海国家所有。

▲ 游泳的鱼儿

人与海洋

　　自古以来，人类就与海洋结有不解之缘。21 世纪是海洋的世纪，随着世界人口的迅速增长，陆地的生存空间受到限制，海洋空间也将作为一种资源被充分利用。人类会在海洋里建立生活空间，让海洋成为人间的乐园。

冒险家的时代——大航海时代

海上探险的开始，让人们面对波涛汹涌的大海不再惧怕。后来，欧洲的航海家和传教士们劈波斩浪远航到世界各地，开始了大航海时代。他们驾着小船，向广阔而神秘的大海发起挑战。

郑和下西洋

郑和是我国伟大的航海家，他为世界航海史写下了光辉的一页。明朝前期，为了同海外各国加强联系，郑和先后 7 次下西洋，访问了亚非 30 多个国家和地区，最远到达非洲的东海岸和红海沿岸。

▲ 郑和是人类历史上杰出的航海家。他的才能在他一生所做的各项伟大事业中体现得淋漓尽致，他在航海、外交、军事、建筑等诸多方面都表现出卓越的智慧与才识

哥伦布

意大利航海家哥伦布，一生从事航海活动。他在西班牙国王支持下，先后 4 次出海远航，开辟了横渡大西洋到美洲的航路。先后到达巴哈马群岛、古巴、海地、多米尼加等岛，在帕里亚湾南岸首次登上美洲大陆。

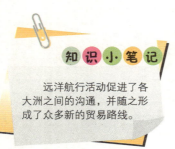

知识小笔记

远洋航行活动促进了各大洲之间的沟通，并随之形成了众多新的贸易路线。

▲ 1492 年 10 月，哥伦布率探险队在圣萨尔瓦多岛登陆，欧洲人第一次踏上美洲大地，揭开了历史的新篇章

《马可·波罗游记》

《马可·波罗游记》

马可·波罗是一位著名的旅行家。元朝时期，他途经印度来到中国，沿途记录下了许多资料。1295年，他在威尼斯和热那亚的海战中被俘，在狱中写下了《马可·波罗游记》。

葡萄牙

葡萄牙在历史上是个航海大国。15 ~ 16 世纪，葡萄牙开始进行殖民扩张，掠夺的土地远到非洲和亚洲，南美洲的巴西也是它的殖民地。这在很大程度上得益于它先进的航海技术。

葡萄牙风景

航海时代

大航海时代，就是无数勇敢的冒险家驾着小船，向广阔而神秘的大海挑战的时代。他们不畏艰险，向未知的领域挑战。新的发现让无数人开始了冒险。

英雄纪念碑

乘风破浪的远行——海上交通

船 既是重要的交通工具，也是人类征服自然的伟大创造，可以说船承载了早期的人类文明。船的历史几乎伴随着人类的历史，经历了相当漫长的过程。早在公元前6000年，人类已经开始在水上活动。

🌐 独木舟

我国是世界上最早制造独木舟的国家。独木舟就是把原木凿空做成的船，是由筏演变而来，已经具备了船的雏形。制造独木舟需要较先进的生产工具，制造技术比筏要难得多，作用比筏更广泛。

🌐 蒸汽机船

19世纪，钢材应用到蒸汽机船上，传统帆船被取代。1858年，英国的布鲁内尔设计的长231米、重19 000千克，有两个巨大桨轮和24只螺旋推动器连接的蒸汽引擎船"大东方"号出现在泰晤士河畔。

帆船

帆船是继独木舟和木筏之后的水上交通工具。它是利用风力前进的船，最早始于荷兰。帆船是人类向大自然作斗争的一个见证，它的历史同人类文明史一样悠久。

知识·小·笔记

轮船上有一条"吃水线"，它是货船在海水里装货的标准。

舰艇

舰艇是指主要在海洋进行战斗活动或勤务保障的海军船只，俗称军舰，广义上也包括其他军用船艇。它是海军的主要装备，通常用于海上机动作战、进行战略核突击、保护己方或破坏敌方的海上交通线等。

船舶中转站——海港

海港是船舶停泊、中转和装卸货物的场所，也是海洋空间的主要场所。海港有齐全的配套设施，如码头、装卸设备等，还有高效的运作服务。海港之间通过发达的海上航线相联系。

世界最大的海港

鹿特丹是荷兰第二大城市，也是世界第一大港。港区水域深广，内河航船可通行无阻，外港深水码头可停泊巨型货轮和超级油轮，每年保持超过5亿吨的货物吞吐量使它稳居世界第一大港的位置。

➤ 鹿特丹是连接欧、美、亚、非、澳五大洲的重要港口，素有"欧洲门户"之称

香港

香港是一座美丽的港口城市，素有"东方明珠"的美称。这里蓝天碧海，山峦秀丽，港口地理位置优越，是少有的天然良港，其中最著名的是维多利亚港湾。

上海港

上海港位于黄浦江与苏州河的交汇处，它以黄浦江为天然航道，横穿上海市。它是我国最大的港口，居全国南北沿海航线的中枢，同时，也是我国内河、海运及国际贸易的枢纽港，其吞吐量居全国首位。

上海港控江襟海，地处长三角水网地带，水路交通十分发达

美国最大港口

纽约港位于美国东北部哈得孙河河口，东临大西洋，于1614年由荷兰人开始建设。由于地理条件优越，1800年纽约港便成为美国最大的港口。

纽约港不仅是美国最大的海港，也是世界最大的海港之一

知识小笔记

我国比较著名的海港城市有香港、上海、青岛、大连、宁波、厦门、天津等。

航行的路标——海上导航

对于在海上航行的人们来说，正确地引导船只顺利前行，是一件非常重要的事情。为了保障航行安全，海上设置了各种航行标志，如浮标和灯塔。近年来，无线电导航与 GPS 卫星导航逐渐在航运中占据了重要地位。

指南针

大约在公元前 1 世纪，磁铁矿石的指向特性最先被中国人掌握，他们将磁铁矿石做成北斗七星的形状，放在一个铜盘上指示北极。这种被称为"指南针"的发明是早期航海者最基本的导航仪器。

▶ 指南针

六分仪

六分仪由一个三角形的架子组成，有了它的帮助，航行者可以通过镜子同时看到地平线和太阳，之后便能用边缘标有刻度的象限仪量出两者之间的角度，保证船只正确航行。

◀ 六分仪

GPS 导航仪

GPS 也叫全球卫星定位系统，能精确地测定地球上任意一点的位置。在军事上，它能为飞机和导弹导航；在航海领域，它能为在茫茫大海上航行的船舶指明前进方向。

航海天文钟

1726～1735 年间，英国的一位木匠约翰·哈里森研制出了能够准确测量经度的航海天文钟，它的出现恰好填补了海上缺乏测定经度的精确仪器的空缺，成为导航技术上的一大进步。

◄ 大约 1993 年，英国印制了一套由约翰·哈里森航海天文钟为主的邮票

灯塔

灯塔早在公元前数百年就已开始使用，它是航行者的航行指标，其明亮的灯光可以为远航的船只在夜间照亮行程。在危险的海域上，灯塔可以帮助船只避免海难的发生。

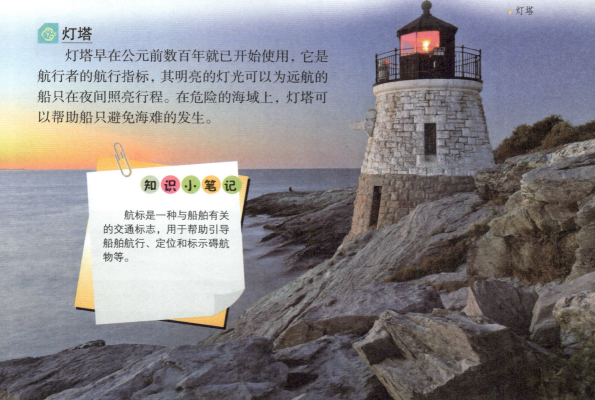

► 灯塔

知识小笔记

航标是一种与船舶有关的交通标志，用于帮助引导船舶航行、定位和标示碍航物等。

天堑变通途——跨海大桥

桥 对许多人来说并不陌生，它是一种很早的建筑，最开始建在陆地上，后来建造在水面上，主要作用是供行人、车辆等通行。然而，跨海大桥你可能就知之不多了，我们一起来了解一下。

跨海大桥

跨海大桥于 20 世纪初开始出现，是海上交通的重要组成部分。它架于海峡之上，海湾之间，打开了大陆与海岛、海岛与海岛之间的海上通道，是一种全新的交通运输方式。

→澳大利亚悉尼海港大桥

知识小笔记

我国已建成的最长的跨海大桥是厦门跨海公路桥，全长 6.6 千米。

→金门大桥

青函海底隧道

青函海底隧道全长 54 千米，穿过津轻海峡，将日本本州岛的青森和北海道的函馆连接起来，成为贯穿日本南北的大动脉。它是一条双线铁路隧道，也是世界上最长的海底隧道。

海底隧道

海底隧道是铺设在海底的地下通道，它是连接陆地之间的"地下通途"。因为海上交通容易受天气变化、港口布局的影响，船舶的运载速度远不如铁路快捷。海底隧道大大方便了货物运输，促进了经济发展和科学文化交流。

数量日益增多

目前，全世界已经建成的大型跨海大桥超过 50 余座，拟建的还有数十座。现已建成的著名跨海大桥有：日本濑户内海大桥、土耳其博斯普鲁斯海峡大桥、美国金门海峡大桥及沙特阿拉伯和巴林之间的跨海公路大桥等。

罪与责——海洋污染与保护

海洋不仅是生命的摇篮，还是一个拥有丰富资源的"聚宝盆"。可是由于环境污染，它逐渐变为一个储存废污物的"仓库"。近30年来，很多沿海国家和地区都成立了各种类型的海洋保护区，来拯救海洋。

知识小笔记

澳大利亚东北部近海的大堡礁保护区，是世界上最大的海洋生态系统保护区。

生活污水污染

生活污水的排放也会对海洋环境构成严重的威胁。生活污水中含有大量有机物和营养盐，可引起海水中某些浮游生物急剧繁殖，从而大量消耗海水中的溶解氧，导致鱼类、贝类等生物大量死亡。

石油污染

海洋中的石油泄漏，会严重污染鸟类的栖息地，使它们无家可归。1989年9月，一艘装载近19万立方米原油的油轮在美国威廉王子海峡触礁，大约4万立方米原油泄入海中，导致300万只海鸟死亡。

海洋污染的危害

海洋污染不仅会使海洋水质变坏，海洋生物受到损害，同时也阻碍了人们的海上活动，危害人类生命。工业生产过程中的废弃物是海洋污染物的主要来源，它们大多集中在港口和工业城市附近。

全球海洋垃圾成灾

美国一家海洋保护机构曾在发表的一份报告中警告说：垃圾正在严重破坏海洋环境，仅一次不完全的全球海岸清理活动，就清理出 3 700 吨垃圾。地中海西北海域的垃圾已接近 1.75 亿吨。

取得的一些小成绩

目前，我国已建成多个海洋自然保护区。这些不断建立的保护区为诸如中华白海豚、红树林等珍稀动植物提供了舒适的栖息地，对海洋生态系统的健康发展有着重要的意义。

◀ 由于海水环境条件特殊，红树林植物具有一系列特殊的生态和生理特征

海洋资源保护区

近年来，一些沿海国家和地区相继建立起各种类型的海洋保护区，大致分为：海洋生态系统保护区、濒危珍稀物种保护区、自然历史遗迹保护区、特殊自然景观保护区以及海洋环境保护区等。

百科·探索·发现

（少年版）